化工安全技术

主 编 刘作华 陶长元 范 兴

（第2版）

U0190743

重庆大学出版社

内容提要

本书介绍了化工安全技术的基本知识和危险化学品安全生产知识,阐述了化工安全设计及规范的基本内容,系统讲述了化工本质安全与过程强化、化工设备及安全诊断的基本知识,并结合国内外最新研究进展,阐述了基于大数据的化工信息与化工安全预测,并介绍了化工隐患排查与治理,以及化工安全评价等内容。

本书是一本系统性较强、内容较为全面的化工安全技术专著,可作为化工高等院校化学工程与工艺、化工机械等相关专业的教材和参考用书。

图书在版编目(CIP)数据

化工安全技术 / 刘作华,陶长元,范兴主编. --2
版. -- 重庆:重庆大学出版社,2022.7
ISBN 978-7-5689-0660-9

Ⅰ. ①化… Ⅱ. ①刘… ②陶… ③范… Ⅲ. ①化工安
全—安全技术 Ⅳ. ①TQ086

中国版本图书馆 CIP 数据核字(2022)第 131786 号

化工安全技术
(第 2 版)

刘作华 陶长元 范 兴 主编

责任编辑:杨粮菊 秦旖旎 版式设计:杨粮菊
责任校对:王 倩 责任印制:张 策

*

重庆大学出版社出版发行
出版人:饶帮华
社址:重庆市沙坪坝区大学城西路 21 号
邮编:401331
电话:(023) 88617190 88617185(中小学)
传真:(023) 88617186 88617166
网址:http://www.cqup.com.cn
邮箱:fxk@ cqup.com.cn(营销中心)
全国新华书店经销
中雅(重庆)彩色印刷有限公司印刷

*

开本:787mm×1092mm 1/16 印张:10.75 字数:278 千
2018 年 1 月第 1 版 2022 年 7 月第 2 版 2022 年 7 月第 2 次印刷
ISBN 978-7-5689-0660-9 定价:48.00 元

前言
（第2版）

随着科技创新发展和化工技术的发展，化学工业在世界各国的国民经济中皆占据重要的位置，自2010年起，我国化学工业经济总量居全球第一位。

众所周知，化工安全生产和稳定运行是化工产业发展的保障，对推进《中国制造2025》和实现"双碳"战略至关重要。然而，化工生产工艺技术复杂，常常涉及高温、高压、低温和真空条件，具有易燃、易爆、有毒、有害等特点，容易发生泄漏、腐蚀、火灾、爆炸等生产安全事故。因此，坚持发展化工安全技术，加强对化工从业人员和相关专业学生的安全教育培训，提高安全技术素质，保证化工安全生产，是化工行业一项长期的任务。

本书内容共9章，主要介绍了化工安全设计及规范、化工本质安全与化工过程强化、化工设备安全技术、化工安全预测、危险化学品管理与职业卫生、化工隐患排查与治理、化工安全评价等。以期读者在获取知识的同时，对重要的化学工程观点有较深的印象，便于日后分析和处理较复杂的化工安全问题。

自本书第一版出版以来，得到了许多读者和同行的支持，以及建设性意见。此次，第二版各章都补充了相关习题和化工安全标准规范，且增加了涉及化工企业安全生产的相关视频，便于读者自学，同时将理论与实际联系起来。

参与本书资料整理的有熊黠博士、姚远博士、王松松博士、唐小余博士等博士研究生，在此表示衷心的感谢！

本书由国家自然科学基金面上项目"搅拌反应器内局域多混沌吸引子耦合与流体混合智能强化规律（22078030）"、中央高校基本科研业务费"混沌电解强化节能减排与智能装备研发（2022CDJQY-005）"资助，在此表示感谢。

本书可作为高等院校化学工程与工艺、化工机械等相关专业高年级本科生、研究生的教材和参考书，也可供从事化工生产的技术人员和管理人员作为培训用书及参考资料。由于编写时间仓促，且限于作者学识水平，书中不足之处在所难免，恳请广大读者批评指正。

编　者

2022 年 5 月

前　言

　　化学工业是我国国民经济的支柱产业,其主要包括无机化工、有机化工、精细化工、生物化工、能源化工、化工新材料等,为我国社会经济发展和国防建设等提供了重要的基础材料和能源,创造了高达20%的GDP,约占工业总产值的30%。化学工业在世界各国的国民经济中皆占据重要的位置,自2010年起,我国化学工业经济总量居全球第一。

　　化工行业离不开化工安全生产,化工安全生产和稳定运行是我国国民经济的保障,对推进《中国制造2025》至关重要。然而,化工生产工艺技术复杂,常常涉及高温、高压、低温和真空条件,具有易燃、易爆、有毒、有害等特点,容易发生泄漏、腐蚀、火灾、爆炸等生产安全事故。因此,坚持普及化工安全技术,加强对从业人员的安全教育培训,提高人们的安全技术素质,保证化工安全生产,是化工行业一项长期且十分重要的任务。

　　《化工安全技术》是一本系统性较强、内容较为全面的化工安全技术专著,对指导化工安全生产具有现实意义。本书内容共9章,主要介绍了化工安全设计及规范、化工本质安全与化工过程强化、化工设备安全技术、化工安全预测、危险化学品管理与职业卫生、化工隐患排查与治理、化工安全评价等。

　　参与本书资料整理的有谷德银博士、邱发成博士、舒建成博士、张兴然博士、彭浩博士,以及许传林、许恢琴、张柱、杨义等硕士研究生,在此表示衷心的感谢!

　　本书由国家自然科学基金重点项目"利用流场结构界面失稳强化与调控流体混沌混合的机制(21636004)"、国家自然科学基金面上项目"刚柔组合搅拌器强化流体混沌混合及规律研究(21576033)"、国家科技支撑计划"低品位复杂难选锰矿高效选别与浸出新工艺(2015BAB17B01)"、重庆市科技计划项目"化工搅拌反应器安全控制与能效诊断技术研究(CSTC2015shmszx100024)"、中央直属高校经费基本科研业务费交叉学科培育项目"基于大数据的化工过程混沌强化与智能装备研究"资助,在此一并表示感谢。

本书可作为高等院校化学工程与工艺、化工机械等相关专业高年级本科生、研究生的教材和参考书,也可供从事化工生产的技术人员和管理人员作为培训用书及参考资料。

　　由于编写时间仓促,且限于作者学识水平,书中不足之处在所难免,恳请广大读者批评指正。

编　者

2017 年 3 月

本书资源清单

1.标准

序号	标准名称	二维码
1	《爆炸危险环境电力装置设计规范》（GB 50058—2014）	
2	《工业企业总平面设计规范》（GB 50187—2012）	
3	《固定式压力容器安全技术监察规程》（TSG R0004—2016）	
4	《化工企业定量风险评价导则》（AQ/T 3046—2013）	
5	《化工企业总图运输设计规范》（GB 50489—2009）	
6	《化学品分类和危险性公示通则》（GB 13690—2009）	

续表

序号	标准名称	二维码
7	《生产设备安全卫生设计总则》（GB 5083—1999）	
8	《石油化工金属管道工程施工质量验收规范》（GB 50517—2010）	
9	《危险化学品生产装置和储存设施外部安全防护距离确定方法》（GB/T 37243—2019）	
10	《危险化学品重大危险源辨识》（GB 18218—2018）	
11	《压力管道安全技术监察规程-工业管道》（TSG D0001—2009）	
12	36 张最全最易懂的安全距离图	

2.视频

序号	视频名称	二维码
1	德国某一化工园区爆炸事故	
2	美国某一化工厂发生爆炸	

序号	视频名称	二维码
3	泰国某一化工厂发生爆炸	
4	印度某一化工厂发生爆炸	
5	福建漳州古雷化工漏油起火事故	
6	山东临沂金誉石化爆炸安全事故	
7	了解、认识危险化学品	
8	事故隐患识别	
9	工业互联网+危化安全生产	
10	大数据让危险远离高危行业	
11	涉油涉气安全警示片	

目录

1

第 1 章

绪 论

化学工业作为国民经济的基础和支柱产业,在国民经济中占有极其重要的地位。当今世界,化工产品涉及国民经济、国防建设、资源开发和人类衣食住行的各个方面,对解决人类社会所面临的人口、资源、能源和环境的可持续发展等重大问题,起到了十分重要的作用。化工是工业革命的助手、农业发展的支柱、国防建设的利器、战胜疾病的工具、改善生活的手段。

化工生产过程工艺复杂,操作要求十分严格,一般都是在高温、高压下进行,并且大多数物料具有易燃、易爆、有毒、有害和腐蚀性强等特点,这极大地增加了事故发生的可能性和事故后果的严重程度。与其他工业相比,化学工业本身面临着不可忽视的安全与环境污染等重要问题。作为未来化工及相关行业的从业者和与化学工业生产直接相关的人员,了解化工安全基本问题,掌握化工安全基础知识,树立化工安全生产意识,显得尤为重要。

1.1 化学工业发展概况

现代化学工业始于 18 世纪的法国,随后传入英国。19 世纪,以煤为基础原料的有机化学工业在德国迅速发展起来。但那时煤化学工业的规模并不巨大,主要着眼于各种化学产品的开发。所以,当时化工过程开发主要是由工业化学家率领,机械工程师参加进行的。技术人员的专业也是按其从事的生产产品分类的,如染料、化肥、炸药等。直到 19 世纪末,化学工业萌芽阶段的工程问题,才是采用化学加机械的方式解决的。

19 世纪末 20 世纪初,石油的开采和大规模石油炼厂的兴建为石油化学工业的发展和化学工程技术的产生奠定了基础。同以煤为基础原料的煤化学工业相比,炼油业的化学背景不那么复杂多样化。因此,有可能也有必要进行工业过程本身的研究,以适应大规模生产的需要。这就是在美国产生的以"单元操作"为主要标志的现代化学工业的背景。

1888 年,美国麻省理工学院开设了世界上最早的化学工程专业,接着,宾夕法尼亚大学、土伦大学和密执安大学也先后设置了化学工程专业。那个时期化学工程教育的基本内容是工业化学和机械工程。1915 年 12 月麻省理工学院的委员 A.D.Little 首次正式提出了单元操作(Unit Operation)的概念。20 世纪 20 年代石油化学工业的崛起推动了各种单元操作的研究。

20 世纪 30 年代以后,化学机械从纯机械时代进入以单元操作为基础的化工机械时期。

20 世纪 40 年代,因战争需要,流化床催化裂化制取高级航空燃料油、丁苯橡胶的乳液聚合以及曼哈顿工程这三项重大工程同时在美国出现。前两项是用 20 世纪 30 年代逐级放大的方法完成的,放大比例一般不超过 50∶1。但是,因曼哈顿工程时间紧迫和放射性的危害,必须采用较高的放大比例,达 1 000∶1 或更高一些。这就要求更加坚实的理论基础,以更加严谨的数学形式表达单元操作的理论。

曼哈顿工程的成功,大大促进了单元操作在化学工业中的应用。20 世纪 50 年代中期提出了传递过程原理,把化学工业中的单元操作进一步解析为 3 种基本操作过程,即动量传递、热量传递和质量传递以及三者之间的联系。同时,在反应过程中把化学反应与上述 3 种传递过程一并研究,用数学模型描述过程。随着电子计算机的应用以及化工系统工程学的兴起,化学工业发展进入更加理性、更加科学化的时期。

20 世纪 60 年代初,新型高效催化剂的发明,新型高级装置材料的出现,以及大型离心压缩机的研究成功,推进了化工装置大型化的进程,把化学工业推向一个新的高度。此后,化学工业过程开发周期已能缩短至 4~5 年,放大倍数达 500~20 000 倍。化学工业过程开发是指把化学实验室的研究结果转变为工业化生产的全过程。它包括实验室研究、模试、中试、设计、技术经济评价和试生产等内容。化学工业过程开发的核心内容是放大,且可以用电子计算机进行数学模拟放大。化学工程基础研究的进展和放大经验的积累,已使过程开发能够按照科学的方法进行。中间试验不再是盲目地、逐级地,而是有目的地进行,不仅只是收集或产生关联数据的场所,而且也是检验数学模型和设计计算结果的场所。

现代的技术进步一日千里。20 世纪最后几十年的发明和发现,比过去两千年的总和还要多,化学工业也是如此。在这几十年中,化学工业在世界范围取得了长足进展。化学工业在很大程度上满足了农业对化肥和农药的需要。随着化学工业的发展,天然纤维已丧失了传统的主宰地位,人类对纤维的需要有近三分之二是由合成纤维提供的。塑料和合成橡胶渗透到国民经济的所有部门,在材料工业中已占据主导地位。医药合成不仅在数量上而且在品种和质量上都有了较大发展。化学工业的发展速度已显著超过国民经济的平均发展速度,化工产值在国民生产总值中所占的比例不断增加,化学工业已发展成为国民经济的支柱产业。

20 世纪 70 年代后,现代化学工程技术渗入了各个加工领域,生产技术面貌发生了显著变化。化学工业还同时面临来自能源、原料和环保三大方面的挑战,进入一个新的更为高级的发展阶段。

在原料和能源供应日趋紧张的条件下,化学工业正在通过技术进步尽量减少其对原料和能源的消耗;为了满足整个社会日益增长的能源需求,化学工业正在努力提供新的技术手段,用化学的方法为人类提供更多更新的能源;为了自身的发展,化学工业正在开辟新的原料来源,为以后的发展奠定丰富的原料基础;随着电子计算机的发展和应用,化学工业正在进入高度自动化的阶段;一些高新技术,如激光、模拟酶的应用,正在使化学工业生产的效率显著提高,技术面貌发生根本性的变化。由于有了更新的技术手段,化学工业对环境的污染进一步得到控制,并将为改善人类的生存条件做出新的贡献。

1.2 化工生产的特点

1) 涉及物料多,危险程度高

化工生产所需物料、半成品或成品种类繁多,且绝大多数存在易燃、易爆、剧毒、腐蚀性强等问题。这就给化工生产、运输、储存等提出了特殊的要求。

2) 生产工艺条件苛刻

有些化学反应在高温、高压条件下进行,有的则在低温、高真空度下进行,有些则在无水环境中进行。如在由轻柴油裂解制乙烯,进而生产聚乙烯的生产过程中,轻柴油在裂解炉中的裂解温度为 800 ℃,裂解气要在深冷(−96 ℃)条件下进行分离得到纯度为 99.99% 的乙烯,而乙烯气体需在 294 MPa 压力下聚合,制得聚乙烯树脂。

3) 生产规模大型化

化工生产逐渐采用大型装置,这是降低基本建设、过程生产和过程管理成本,提高劳动生产效率,提高市场竞争力的迫切要求。以化肥生产为例,20 世纪 50 年代合成氨的最大规模为 6 万吨/年,60 年代初为 12 万吨/年,60 年代末为 30 万吨/年,70 年代发展到 50 万吨/年以上。乙烯装置的生产能力也从 20 世纪 50 年代的 10 万吨/年发展到 70 年代后的 60 万吨/年。当然并不是化工生产装置越大越好,这还涉及技术经济的综合效益问题,例如,目前新建的乙烯装置和合成氨装置大都稳定在 30 万~45 万吨/年的规模。这样的大规模生产装置,日常操作维护技术要求高,程序性强,一旦发生操作失误,后果不堪设想,需要操作维护人员具有极强的责任心。

4) 生产方式日趋自动化

随着先进生产技术的采用,化工生产方式从过去的手工操作、间断生产逐步转变为高度自动化、连续化生产;生产设备由敞开式发展为封闭式;生产控制由多点现场操作观察演变为集中控制,由计算机遥控监测。

化工企业生产的上述特点对安全生产提出了更高更专业的要求,尤其要预防重大火灾、爆炸等事故的发生,保护国家财产和职工生命安全。因此,努力提高设备的安全化程度,积极推进现代化管理,强化安全管理责任制,提高化工企业职工的安全意识和技术素质十分必要。

1.3 化学工业发展伴生的新危险

随着化学工业的发展,涉及的化学物质的种类和数量显著增加。很多化工物料本身的易燃性、反应性和毒性决定了化学工业生产事故的多发性和严重性。反应器、压力容器的爆炸以及燃烧传播速度超过声速的爆轰,都会产生破坏力极强的冲击波,冲击波将导致周围厂房建筑物的倒塌,生产装置、储运设施的破坏以及人员的伤亡。如果是室内爆炸,极易引发二次或二次以上的爆炸,爆炸压力叠加,可造成更为严重的后果。多数化工物料对人体有害,设备密封不严,特别是在间歇操作中泄漏的情况很多,容易造成操作人员的急性或慢性中毒。据我国化工部门统计,因一氧化碳、硫化氢、氮气、氮氧化物、氨、苯、二氧化碳、二氧化硫、光气、氯化钡、氯气、甲烷、氯乙烯、磷、苯酚、砷化物这 16 种化学物质造成中毒、窒息的死亡人数占中毒死亡总人数的 87.6%，而这些物质在一般化工厂中是常见的。在生产、使用、储运过程中操作或管理不当时，这些危险化学物质就会发生火灾、爆炸、中毒和灼伤等安全生产事故。

随着化学工业的发展，化工生产呈现设备多样化、复杂化以及过程连接管道化的特点。如果管线破裂或设备损坏，会造成大量易燃气体或液体瞬间泄放，迅速蒸发形成蒸气云团，与空气混合达到爆炸下限。云团随风飘移，飞至居民区遇明火爆炸，会造成难以想象的灾难。据估计，50 吨的易燃液体泄漏、蒸发将会形成直径为 700 m 的云团，在其覆盖下的居民，将会被爆炸的火球或扩散的火焰灼伤，火球或火焰的辐射强度将远远超过人所能承受的程度，同时还会因缺乏氧气而使人窒息致死。

化工装置的大型化使大量化学物质都处于工艺过程或贮存状态，一些密度比空气大的液化气体如氨、氯等，在设备或管道破裂处会以 15°~30° 呈锥形扩散，在扩散宽度 100 m 左右时，人才容易察觉迅速逃离，但在距离较远而毒气尚未稀释到安全值时，人则很难逃离并导致中毒，毒气影响宽度可达 1 000 m，甚至更宽。

1.4　化学工业发展对安全的新要求

化工装置大型化，在基建投资和经济效益方面的优势是无可争辩的。但是，大型化是把各种生产过程有机地结合在一起，输入输出都是在管道中进行的。许多装置互相连接，形成一条很长的生产线。规模巨大、结构复杂，不再有独立运转的装置，装置间互相作用、互相制约。这样就存在许多薄弱环节，使系统变得比较脆弱。为了确保生产装置的正常运转并达到规定目标的产品，装置的可靠性研究变得越来越重要。所谓可靠性，是指系统设备、元件在规定的条件下和预定的时间内完成规定功能的概率。可靠性研究采用较多的是概率统计方法。化工装置可靠性研究，需要完善数学工具，建立化工装置和生产的模拟系统。概率与数理统计方法以及系统工程学方法将更多地渗入化工安全研究领域。

化工装置大型化，加工能力显著增大，大量化学物质都处在工艺过程中，增加了物料外泄的危险性。化工生产中的物料，多半本身就是毒性源，一旦外泄就会造成重大事故，给生命和财产带来巨大灾难。这就需要对过程物料和装置结构材料进行更为详尽地考察，对可能的危险作出准确的评估并采取恰当的对策，对化工装置的制造加工工艺也提出了更高的要求。化工安全设计在化工设计中变得更加重要。

化工装置大型化，必然带来生产的连续化和操作的集中化，以及全流程的自动控制。省掉了中间储存环节，生产的弹性大大减弱。生产线上每一环节的故障都会对全局产生严重影响。对工艺设备的处理能力和工艺过程的参数，要求更加严格，对控制系统和人员配置的可靠性也提出了更高的要求。

新材料的合成、新工艺和新技术的采用，可能会带来新的危险性。面对从未试验过的新的工艺和新的操作，更加需要辨识危险，对危险进行定性和定量评价，并根据评价结果采取优化的安全措施。对危险进行辨识和评价的安全评价技术的重要性也越来越突出。

1.5 化学工业发展对工程伦理的新要求

作为工程的一支,化学工程具有区别于一般工程的特点:

①化学工程潜在风险大。

②化学工程对人的影响更直接。

③化学工程的监控难度大。

基于化学工程的以上特点,化学工程伦理规范的构建就尤为重要。化学工程理论是工程理论的一部分,将科学技术转化为生产力的化学工程,不仅是一种技术的应用行为,同时也应该被视作一种社会实践活动。因此,化学工程伦理规范的构建应从技术和社会实践两方面来考虑。

1) 技术方面

(1) 降低化学原料的威胁

首先,化学工程中使用的原材料,大多数都带有危险标记,对人们的健康具有一定的威胁。甚至,一些化学原料无色无味,可以使人在不察觉的情况下吸入或接触到,并对人体造成伤害。危险化学原料具有醒目的危险标志是十分必要的。

其次,危险化学品在生产、贮存、使用、经营和运输过程中都应得到妥善处理。有些危险化学品,可以通过冷藏压缩、密封保存等技术手段来降低和消除对人体和环境的危害。运用专业的技术降低化学原料的威胁刻不容缓。

(2) 保证生产过程的规范和安全

化学材料的生产过程涉及很多环节,每个环节都可能具有潜在的危害。保证整个生产线都达到科学工艺的要求能够减少工程事故的发生及其对环境的危害。

首先,通过对相关技术人员的培训,了解生产过程环节的危害,使其在每个生产过程中的操作都符合相应的规范,对一些故障能够妥善处理。

其次,运用技术手段对每个生产环节可能出现的危险进行预防和控制,要有完备科学的三废处理设备,保证生产过程的规范和安全。

(3) 治理和修复化学工程对环境的危害

化学工程对环境的污染应该做到预防为主,防治结合,综合治理。但是,有些化学工程对环境的危害,运用目前的技术手段不可避免,或由于种种原因,对环境的污染已经造成,都可以运用相关技术,采取有效措施,对污染后的环境进行治理和修复。

第一,必须对环境污染工程进行详细分析,找出污染源,确定污染物,最终制订相应措施对环境进行治理和修复。

第二,修复过程中采取的方式方法,应该充分考虑周边公共建筑和相关人群的敏感度等因素,建设修复设施不得对场地及周围环境造成新的破坏。

2) 社会实践方面

(1) 在借鉴国外成功经验的同时,结合中国的具体情况

对于化学工程伦理规范的构建和制订,国外的研究比国内要早,因此有很多成功经验值得学习和借鉴。

但是,国外的研究现状不完全适用于中国国情。在国外,工程伦理的研究主要针对工程师的伦理分析,因为国外的工程运行体制是以工程师作为工程责任的独立主体。而在国内,工程师侧重的是技术层面,工程从论证到实施及运行,分别由不同的主体承担责任,工程师很难做到独立承担。

因此,处理化学工程伦理规范的构建问题,应该在借鉴国外成功经验的同时,结合中国的具体情况。

（2）构建过程中要明确不同角色的不同权利和义务

一个化学工程的项目,一般涉及多个角色,不同角色在项目中有着不同的分工和责任。

化学工程师应保证化学工程科学合理的论证和设计,全力参与,全程跟踪化学工程活动,同时对化学工程的每个生产环节进行监督,从而降低化学工程风险,保障化学工程伦理的规范性。

工程决策者应该根据工程中可能存在的问题和风险进行分析,制订不同的备选方案,选择合适方案,实现工程最优化。

政府部门应该在道德约束和伦理规范尚不完善的情况下,对化学工程中的每个参与者进行监督,明确他们的权利和义务,监督和管理化学工程的实施。

公众是化学工程的最直接利益相关主体,有权监督化学工程的运行和实施,捍卫自身健康和生存环境安全,并对化学工程的负影响提出正当的伦理诉求。

（3）化学工程的伦理规范要高于一般工程

化学工程具有一般工程的特点,同时,高危险性、高污染性使化学工程与一般工程不尽相同,化学工程对环境和人类健康的影响更为迅速和直接,与公众的生存环境和自身健康息息相关。因此,化学工程的伦理规范要高于一般工程。

第一,为确保化学工程的规范和安全,化学工程伦理的制订和实施要比一般工程更加严格。

第二,对化学工程伦理的监督和执行也要高于一般工程,敢于接受社会各方面的监督,取得公众对化学工程的信任。

化学工程是工程的一个重要分支,化学工程伦理规范应该在原有工程伦理规范的理论框架下,结合化学工程理论来构建。通过技术了解危害,规范操作,对可能的危险进行预防和控制;同时,任何一个工程都是一种社会实践活动,那么就不应该脱离社会而独立存在,当然也应该受到社会伦理规范的约束。因此,应通过管理,结合国内的具体情况,明确不同角色的权利和义务,同时制订相应的化学工程伦理规范。

在化学工程伦理规范的构建中,技术和管理,相辅相成,缺一不可。我们应该认识到,目前关于化学工程伦理规范的研究还不完善,要建立比较完整的框架、成熟的理论,还需要更多的努力。

思考与习题一

1.分析化工生产的特点及其伴生危险。

2.如何构建化学工程伦理规范,确保化学工业发展符合伦理要求?

第 2 章
化工安全设计及规范

化工生产行业是一个危险性较大的行业。化工企业在生产上具有连续性强、易燃易爆、高温高压、有毒有害、资产和技术密集等特点,若发生事故,不仅会给国家带来巨大损失,还会危及人民群众的生命安全。现今,经济的迅速发展促使化工产业得到了较为迅速的发展。与此产业迅速发展相对应的是化工事故频频发生,化工安全设计越发引人关注。国内外,石化企业发生的灾害性事故屡见不鲜,相关监管部门已在近年提出了对其进行安全设计诊断的审查要求。

2.1　安全设计概述

2.1.1　安全设计的概念

1) 传统的安全设计

传统的安全设计是指化工装置的安全设计,以系统科学的分析为基础,定性、定量地考虑装置的危险性,同时以过去的事故等所提供的教训和资料来考虑安全措施,以防再次发生类似的事故。以法令规则为第一阶段,以有关标准或规范为第二阶段,再以总结或企业经验的标准为第三阶段来制订安全措施,这种方法称为"事故的后补式"。

2) 本质安全设计

19 世纪 70 年代,提出了本质安全的概念,化工领域开始重视本质安全设计。本质安全设计不同于传统的安全设计,前者是消除或减少设备装置中的危险源,旨在降低事故发生的可能性;后者是采用外加的保护系统对设备装置中存在的危险源进行控制,着重降低事故的严重性及其导致的后果。

2.1.2　安全设计的背景

在最近几十年,我国的一些化工企业特别是中小型化工企业早期建设的化工装置,由于经过设计或者未经具备相应资质的设计单位进行设计,导致工艺设备存在着许多缺陷或安全隐患,生产事故频发。而事故发生的原因主要是生产工艺流程不能满足安全生产的要求,主要设备、管道、管件选型(材)不符合相关标准要求,装置布局不合理等。

以科学发展观为指导,大力实施安全发展战略,坚持"安全第一、预防为主、综合治理"的方针,深入贯彻《国务院关于坚持科学发展促进安全生产形势持续稳定好转的意见》等文件要求,通过开展安全设计诊断,提出《化工企业安全设计诊断报告》,为被诊断企业开展"工艺技术及流程、主要设备和管道、自动控制系统、主要设备设施布置"等方面的改造升级提供设计依据,使企业通过改造后达到减少各类安全隐患,提高企业本质安全水平的目的。

为了让用户满意,取得进一步合作的机会,一些化工设计单位一味迁就用户,对原本经过长期检验的科学合理的设计模式随意改动,这种无原则的让步,不仅为今后工程项目运行埋下安全隐患,而且对化工行业的健康发展也是百害而无一利。最好的质量是设计出来的。设计是化工生产的第一道工序和源头,在化工安全生产中占有十分重要的地位。设计单位的不作为,不重视用户对工程的设计意见,或对用户过分迁就,已经对化工行业健康发展构成危害。专家们指出,实现化工安全生产不仅要靠管理,更重要的是在装置建设时就采用先进的安全技术,选择安全的生产装置和设备,为长、稳、安、满、优的运行打下坚实的基础。

2.1.3　应用《导则》《办法》规范设计

2010 年 11 月上旬发布的《化工建设项目安全设计管理导则》(以下简称《导则》)填补了国内化工建设项目安全设计管理工作的空白,是我国在化工建设项目设计阶段安全管理规范化的里程碑。2022 年已发布最新修订版《导则》,进一步规范强化化工建设项目安全设计。

近几年发生的一些危险化学品事故,暴露出现行设计规范和标准滞后或缺失,总体规划布局欠完善,设计变更管理随意性大,设计单位水平参差不齐,安全设计存在缺陷,安全设计管理存在盲区等问题。在此背景下,国家安监局委托中国石油和化工勘察设计协会起草了《化工建设项目安全设计管理导则》。

《导则》为化工建设项目设计阶段应采取的安全管理、风险识别提供了一个行之有效的范本,根据建设项目的阶段、工艺特点实施安全设计,从基础上指导化工建设项目安全管理工作。《导则》的实施必将对化工装置安全起到重要的作用,促进全国危险化学品安全生产工作。

随着经济社会的快速发展,工程项目设计需求猛增,有的正规设计单位的业务应接不暇,因"萝卜多了不洗泥"而无暇顾及设计细节,更不愿花时间进行多方沟通与协调来优化设计方案。设计单位在没有认真研究用户不同设计要求的情况下,把一套设计方案同时给数家用户,导致了设计雷同,有些方案在 A 方施工或试生产时已经发现有问题并得到整改,而在 B 方又重复出现。

把安全预防工作前移,由过去的以抓生产安全为主到重视设计安全和本质安全,从抓《导则》入手保证企业生产安全,是一个十分重要的转变。为确保石油和化工生产装置的安全运行,在勘察和设计企业中大力开展 HSE(Health、Safety、Environment,即健康、安全和环境管理体系)工作势在必行。要把实施《导则》作为加强 HSE 建设的重要内容,把 HSE 工作当作企业管理创新的重要基础,给予高度重视。

《导则》的适用范围是新建、改建、扩建危险化学品生产及储存装置和设施,以及伴有危险化学品使用或产生的化学品生产装置和设施的建设项目。国家安全生产监督管理总局孙广宇司长指出,石油化工企业、工程公司和设计院要依据《导则》要求,强化化工建设项目安全设计的管理,在设计中把好两个关口:一是优化产品的生产流程设计;二是优化原材料和设备的选用,进而从源头上保证安全生产。

2012 年 4 月 1 日起实施的《危险化学品建设项目安全监督管理办法》(以下简称《办法》),要求化工设计单位严格按照《化工建设项目安全设计管理导则》对建设项目安全设施进行严格设计,以确保项目的本质安全,从设计源头排除隐患和风险。专家们表示,《导则》和《办法》的实施,只能解决有法可依的问题,要真正让设计单位负起责任,有所作为,仅依靠设计单位的自觉性是不够的,还需要加强监管、严格执法,用法律和道德的手段规范和净化化工设计队伍,为化工安全筑牢第一道防线。

2.2　厂址选择与总平面布置

化工安全设计是化工设计的一个重要组成部分,它包括企业厂址选择与总平面布局、化工过程安全设计、安全装置及控制系统安全设计、化工公用工程安全设计等方面的内容。

安全设计应事前充分审查与各个化工设计阶段相关的安全性,制订必要的安全措施;另外,通常在设计阶段,各技术专业也要同时进行研究,对安全设计一定要进行特别慎重的审查,完全消除缺陷和考虑不周的情况,例如,对于设备,在进入制造阶段以后就难以发现问题,即使万一发现问题,也很难采取完备的改善措施。在安全设计方面一般要求附加下列内容:

①各技术专业都要进行安全审查,制订检查表就是其方法之一。

②审查部门或设计部门在设计结束阶段进行综合审查,在综合审查中要征求技术管理、安全、运转、设备、电控、保全等专业人员的意见,提高安全性、可靠性的设计条件。

2.2.1　厂址的安全选择

工厂的地理位置对于企业的成败有很大的影响。厂址选择的好坏与工厂的建设进度、投资数量、经济效益以及环境保护等方面关系密切,所以它是工厂建设的一个重要环节。化工厂的大多数化学物质具有易燃,易爆,有毒及腐蚀性强等特性,对环境和广大人民的生命财产安全有很大的威胁,因此要进行化工厂的选址安全设计,以求在源头上降低对人们的威胁,同时也让企业能更稳定的发展。化工厂的厂址选择是一个复杂的问题,它涉及原料、水源、能源、土地供应、市场需求、交通运输和环境保护等诸多因素,应对这些因素全面综合地考虑,权衡利弊,才能作出正确的选择。

2.2.2　总平面布置

满足生产和使用要求。根据生产工艺流程、联系密切或生产性质类似的车间,要靠近或集中布置,使流程通畅;一般在厂区中心布置主要生产区,将辅助车间布置在其附近;精密加工车间,应布置在上风向;运输车间应靠近主干道和货运出口;尽量避免人、货流交叉;有噪声发生的车间,应远离厂前区和生活区;动力设施布置应接近负荷量大的车间。

①总体布置紧凑合理,节约建设用地。

②合理缩小建、构筑物间距;厂房集中布置或加以合并;充分利用废弃场地;扩大厂间协作,节约建设用地。

③合理划分厂区,满足使用要求,留有发展余地。

④确保安全、卫生,注意主导风向,有利环境保护。

⑤结合地形地质,因地制宜,节约建设投资。

⑥妥善布置行政生活设施,方便生活、管理。

⑦建筑群体组合,注意厂房特点、布置整齐统一。

⑧注意人流、货流和运输方式的安排。正确选择厂内运输方式,布置运输线路,尽量做到便捷、合理、无交叉返复,防止人货混流、人车混流、事故发生。

⑨考虑形体组合,注意工厂美化绿化。车间外形各不相同,尽量组合完美。工厂道路、沟渠、管线安排,尽量外形美化,车间道路和场地应有绿化地带、规划绿地和绿化面积。

2.3　功能分区布置

2.3.1　厂区布置

1)厂区布置的设计思路

①根据企业生产特性,工艺要求、运输及安全卫生要求,结合自然条件和当地交通布置厂建、构筑物、各种设施、交运路线,确定它们之间的相对位置及具体地点。

②合理综合布置厂内、室内、地上、地下各种工程管线,使它们不能相互抵触和冲突,使各种管网的线路径直简捷,与总平面及竖向布置相协调。

③厂区的美化绿化设计。

2)厂区布置的原则与要求

①符合生产工艺流程的合理要求。保证各生产环节的径直和短捷的生产作业线,避免生产流程的交叉和迂回往复,使各物料的输送距离最短。

②公用设施应力求靠近负荷中心,以使输送距离最短。

③厂区铁路,道路要径直简捷。车辆往返频繁的设施(仓库、堆场、车库运输站等)宜靠近厂区边缘布置。

④较平坦时,采用矩形街区布置方式,以使布置紧凑,用地节约。

⑤预留发展用地,至少应有一个方向可供发展。

⑥重视风向和风向频率对总平面布置的影响,布置建、构筑物位置时要考虑它们与主导风向的关系,应避免将厂房建在窝风地段。

依据当地主导风向:把清洁的建筑物布置在主导风向的上风向;把污染建筑布置在主导风向的下风向。冬夏季风不同就建在与季风方向垂直处。

2.3.2　管道布置

1)管道布置的设计思路

①确定各类管网的敷设方式。除按规定必须埋设地下的管道外,厂区管道应尽量布置在地上,并采用集中管架和管墩敷设,以节约投资,便于维修和施工。

②确定管道走向和具体位置,坐标及相对尺寸。

③协调各专业管网,避免拥挤和冲突。

2) 管道布置原则与要求

①管道一般平直敷设,与道路、建筑、管线之间互相平行或成直角交叉。

②应满足管道最短,直线敷设,减少弯转,减少与道路铁路的交叉和管线之间的交叉。

③管道不允许布置在铁路线下面,尽可能布置在道路外面,可将检修次数较少的雨水管及污水管埋设在道路下面。

④管道不应重复布置。

⑤干管应靠近主要使用单位,尽量布置在连接支管最多的一边。

⑥考虑企业的发展,预留必要的管线位置。

⑦管道交叉避让原则:小管让大管;易弯曲的让难弯曲的;压力管让重力管;软管让硬管;临时管让永久管。

管架与建筑物、构筑物的最小水平距离见表 2.1。

表 2.1　管架与建筑物、构筑物的最小水平距离

建筑物、构筑物名称	最小水平间距/m
建筑物有门窗的墙壁外缘或突出部分外缘	3.0
建筑物无门窗的墙壁外缘或突出部分外缘	1.5
铁路(中心线)	3.75
道路	1.0
人行道外缘	0.5
厂区围墙(中心线)	1.0
照明及通信杆柱(中心)	1.0

2.3.3　车间布置

1) 车间布置的设计思路

①具有厂区总平面布置图。

②厘清本车间与其他各生产车间、辅助生产车间、生活设施以及本车间与车间内外的道路、铁路、码头、输电、消防等的关系,了解有关防火、防雷、防爆、防毒和卫生等国家标准与设计规范。

③熟悉本车间的生产工艺并绘出管道及仪表流程图;熟悉有关物性数据、原材料和主、副产品的贮存、运输方式和特殊要求。

④熟悉本车间各种设备、设备的特点、要求及日后的安装、检修、操作所需空间、位置。如根据设备的操作情况和工艺要求,决定设备装置是否露天布置,是否需要检修场地,是否经常更换等。

⑤了解与本车间工艺有关的配电、控制仪表等其他专业和办公、生活设施方面的要求。

⑥具有车间设备一览表和车间定员表。

2) 车间布置设计原则与要求

①车间布置设计要适应总图布置要求,与其他车间、公用系统、运输系统组成有机体。

②最大限度地满足工艺生产,包括设备维修要求。

③经济效果要好。有效地利用车间建筑面积和土地;要为车间技术经济先进指标创造条件。

④便于生产管理,安装、操作、检修方便。

⑤要符合有关的布置规范和国家有关的法规,妥善处理防火、防爆、防毒、防腐等问题,保证生产安全,还要符合建筑规范和要求。人流货流尽量不要交错。

⑥要考虑车间的发展和厂房的扩建。

⑦考虑地区的气象、地质、水文等条件。

2.3.4 设备布置

1)设备布置的设计思路

设备布置根据生产规模、设备特点、工艺操作要求等不同于室内布置、室内和露天联合布置、露天化布置。室外设备包括不经常操作或可用自动化仪表控制的设备,以及由大气调节温度的设备。室内设备包括不允许有显著温度变化,不能受大气影响的一些设备,以及装有精度很高仪表的设备等。

设备布置设计的要求主要包括主导风向对设备布置的要求;生产工艺对设备布置的要求(流程通畅,生产连续正常);安全、卫生和防腐对设备布置的要求;操作条件对设备布置的要求;设备安装、检修对设备布置的要求;厂房建筑对设备布置的要求;车间辅助室及生活室的布置符合建筑要求。

2)生产工艺对设备布置的要求

①在布置设备时一定要满足工艺流程顺序,要保证水平方向和垂直方向的连续性。

②凡属相同的几套设备或同类型的设备或操作性质相似的有关设备,应尽可能布置在一起。

③设备布置时除了要考虑设备本身所占的面积外,还必须有足够的操作、通行及检修需要的位置。

④要考虑相同设备或相似设备互换使用的可能性。

⑤要尽可能地缩短设备间管线。

⑥车间内要留有堆放原料、成品和包装材料的空地。

⑦传动设备要有安装安全防护装置的位置。

⑧要考虑物料特性对防火、防爆、防毒及控制噪声的要求。

⑨根据生产发展的需要与可能,适当预留扩建余地。

⑩设备间距。设备间的间距见表 2.2。

表 2.2 车间设备布置间距表

序号	项目	尺寸/m
1	泵与泵的间距	不小于 0.7
2	泵列与泵列间的距离	不小于 2.0
3	泵与墙之间的净距	不小于 1.2
4	回转机械离墙距离	不小于 0.8

续表

序号	项目	尺寸/m
5	回转机械彼此间的距离	不小于 0.8
6	往复运动机械的运动部分与墙面的距离	不小于 1.5
7	被吊车吊动的物件与设备最高点的距离	不小于 0.4
8	贮槽与贮槽间的距离	不小于 0.4
9	计量槽与计量槽间的距离	不小于 0.4
10	换热器与换热器间的距离	不小于 1.0
11	塔与塔的距离	1.0～2.0
12	反应罐盖上传动装置离天花板的距离	不小于 0.8
13	通道、操作台通行部分的最小净空	不小于 2.0
14	操作台梯子的坡度	一般不超过 45°
15	一人操作时设备与墙面的距离	不小于 1.0
16	一人操作并有人通过时两设备间的净距	不小于 1.2
17	一人操作并有小车通过时两设备间的净距	不小于 1.9
18	工艺设备与道路间的距离	不小于 1.0
19	平台到水平人孔的高度	0.6～1.5
20	人行道、狭通道、楼梯、人孔周围的操作台宽	0.75
21	换热管箱与封盖端间的距离,室内/室外	1.2/0.6
22	管束抽出的最小距离(室外)	管束长+0.6
23	离心机周围通道	不小于 1.5
24	过滤机周围通道	1.0～1.8
25	反应罐底部与人行通道距离	不小于 1.8
26	反应罐卸料口至离心机的距离	不小于 1.0
27	控制室、开关室与炉子之间的距离	15
28	产生可燃性气体的设备与炉子之间的距离	不小于 8.0
29	工艺设备与道路间的距离	不少于 1.0
30	不常通行地方的净高	不小于 1.9

3) 安全、卫生和防腐对设备布置的要求

①车间内建筑物、构筑物、设备的防火间距一定要达到工厂防火规定的要求。

②有爆炸危险的设备最好露天布置,室内布置要加强通风,防止易燃易爆物质聚集,将有爆炸危险的设备与其他设备分开布置,布置在单层厂房及厂房或场地的外围,有利于防爆泄压和消防,并有防爆设施,如防爆墙等。

③处理酸、碱等腐蚀性介质的设备应尽量集中布置在建筑物的底层,不宜布置在楼上和地

下室,而且设备周围要设有防腐围堤。

④有毒、有粉尘和有气体腐蚀的设备,应各自相对集中布置并加强通风设施和防腐、防毒措施。

⑤设备布置尽量采用露天布置或半露天框架式布置形式,以减少占地面积和建筑投资。比较安全而又间歇操作和操作频繁的设备一般可以布置在室内。

⑥要为工人操作创造良好的采光条件,布置设备时尽可能做到工人背光操作,高大设备避免靠窗布置,以免影响采光。

⑦要最有效地利用自然对流通风,车间南北向不宜隔断。放热量大,有毒害性气体或粉尘的工段,如不能露天布置时需要有机械送排风装置或采取其他措施,以满足卫生标准的要求。

⑧装置内应有安全通道、消防车通道、安全直梯等。

4)操作条件对设备布置的要求

①操作和检修通道。

②合理的设备间距和净空高度(图2.1)。

③必要的平台,楼梯和安全出入。

④尽可能地减少对操作人员的污染和噪声影响。

⑤控制室应位于主要操作区附近。

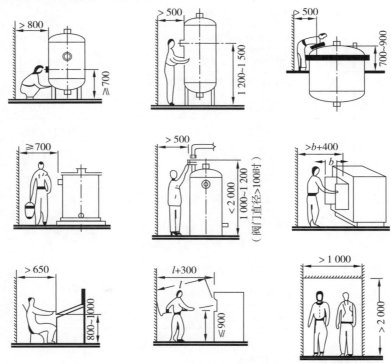

图 2.1　合理的设备间距和净空高度图(mm)

2.4　建筑物的安全设计

建筑物的安全设计首先要熟悉化工生产的原材料和产品性质,根据确定的生产危险等级,考虑厂房建筑结构形式、相应的耐火等级、合理的防火分隔设计和完善的安全疏散设计等内容。

2.4.1　生产及储存的火灾危险性分类

为了确定生产的火灾危险性类别,以便采取相应的防火、防爆措施,必须对生产过程的火灾危险性加以分析,主要是了解生产中的原料、中间体和成品的物理、化学性质及其火灾、爆炸的危险程度,反应中所用物质的数量,采取的反应温度、压力以及使用密封的还是敞开的设备等条件,综合全面情况来确定生产及储存的火灾危险性类别。

2.4.2　建筑物的耐火等级

建筑物的耐火等级与预防火灾发生、限制火灾蔓延扩大和及时扑救有密切关系。属于甲类危险物的生产设备在易燃的建筑物内一旦发生火灾,很快就被全部烧毁。如果设在耐火等级合适条件的建筑物内,就可以限制灾情的扩展,免于遭受更大的损失。

建筑物的构件根据其材料的燃烧性能可分为以下两类:

①非燃烧体。用非燃烧材料做成的构件。非燃烧材料是指在空气中受到火烧或高温作用时不起火、不微燃、不碳化的材料,如建筑物中采用的金属材料、天然无机矿物材料等。

②难燃烧体。用难燃烧材料做成的构件,或用燃烧材料做成而用非燃烧材料作保护层的构件。难燃烧材料是指在空气中受到火烧或高温作用时难起火、难微燃、难碳化,当火源移走后燃烧或微燃立即停止的材料,如沥青混凝土、经过防火处理的木材等。

2.4.3　建筑物的防火结构

1) 防火门

防火门是装在建筑物的外墙、防火墙或者防火壁的出入口,用来防止火灾蔓延的门。防火门具有耐火性能,当它与防火墙形成一个整体后,就可以达到阻断火源、防止火灾蔓延的目的。防火门的结构多种多样,常用的结构有卷帘式铁门、单面包铁皮防火门等。

2) 防火墙

防火墙是专门防止火灾蔓延而建造的墙体。其结构有钢筋混凝土墙、砖墙、石棉板墙和钢板墙。为了防止火灾在一幢建筑物内蔓延燃烧,通常采用耐火墙将建筑物分割成若干小区。但是,由于建筑物内增设防火墙,从而使其成为复杂结构的建筑物,如果防火墙的位置设置不当,就不能发挥防火的效果。例如,在一般的 L、T、E 或 H 形的建筑物内,要尽可能避免将防火墙设在结构复杂的拐角处。

3) 防火壁

防火壁的作用也是为了防止火灾蔓延。防火墙是建在建筑物内,而防火壁是建在两座建筑物之间,或者建在有可燃物存在的场所,像屏风一样单独屹立。其主要目的是用于防止火焰

15

直接接触,同时还能够隔阻燃烧的辐射热。防火壁不承重,所以不必具有防火墙那样的强度,只要具有适当的耐火性能即可。

2.4.4 安全疏散设计的基本原则

安全疏散设计是建筑防火设计中的一项重要内容。在设计时,应根据建筑物的规模、使用性质、重要性、耐火等级、生产和储存物品的火灾危险性、容纳人数以及火灾时人们的心理状态等情况,合理设置安全疏散设施,为人员安全疏散提供有利条件。具体的安全疏散的基本原则有以下5条:

①在建筑物内的任意一个部位,宜同时有两个或两个以上的疏散方向可供疏散。

②疏散路线应力求短捷通畅,安全可靠,避免出现各种人流、货物相互交叉的现象,杜绝出现逆流。

③建筑物的屋顶及外墙需设置可供人员临时避难使用的屋顶平台、室外疏散楼梯和阳台灯,因为这些部位与大气相通,燃烧产生的高温烟气不会在这里停留,这些部位基本可以保证人员的人身安全。

④疏散通道上的防火门,在发生火灾时必须保持自动关闭的状态,防止高温烟气通过敞开的防火门向相邻防火分区蔓延,影响人员的安全疏散。

⑤在进行安全疏散设计时,应充分考虑人员在火灾条件下的心理状态及行为特点,并在此基础上采取相应的设计方案。

2.5 化工过程安全设计

化工过程生产安全是化工安全生产的重要部分,加强化工过程中每个环节的安全设计是关键。化工过程安全设计的主要内容有工艺过程安全设计、工艺流程安全设计、工艺装置安全设计、过程物料安全分析以及工艺设计安全校核等。

2.5.1 工艺过程的安全设计

工艺过程的安全设计,应该考虑过程本身是否具有潜在危险,以及为了特定目的把物料加入过程是否会增加危险。

1)有潜在危险的主要过程

有一些化学过程具有潜在的危险。这些过程一旦失去控制就有可能造成灾难性的后果,如发生火灾、爆炸等。有潜在危险的过程主要有以下9个:

①爆炸、爆燃或强放热过程。

②在物料的爆炸范围附近操作的过程。

③含有易燃物料的过程。

④含有不稳定化合物的过程。

⑤在高温、高压或冷冻条件下操作的过程。

⑥有粉尘或烟雾生成的过程。

⑦含有高毒性物料的过程。

⑧有大量储存压力负荷能的过程。

2）工艺过程安全设计要点

①工艺过程中使用和产生易燃易爆介质时，必须考虑防火、防爆等安全对策措施，在工艺设计时加以实施。

②工艺过程中有危险的反应过程，应设置必要的报警、自动控制及自动联锁停车的控制措施。

③工艺设计要确定工艺过程泄压措施及泄放量，明确排放系统的设计原则。

④工艺过程设计应提出保证供电、供水、供风及供气系统可靠性的措施。

⑤生产装置出现紧急状况或发生火灾爆炸事故需要紧急停车时，应设置必要的自动紧急停车措施。

⑥采用新工艺、新技术进行工艺过程设计时，必须审查其防火、防爆设计技术文件资料，核实其技术在安全防火、防爆方面的可靠性，确定所需的防火、防爆设施。

2.5.2　工艺流程的安全设计

工艺流程的安全设计要点有：

①火灾爆炸危险性较大的工艺流程设计，应针对容易发生火灾爆炸事故的部位和操作过程，采取有效的安全措施。

②工艺流程设计，应考虑正常开停车、正常操作、异常操作处理及紧急事故处理时的安全对策措施和设施。

③工艺安全泄压系统设计，应考虑设备及管线的设计压力，允许最高工作压力与安全阀、防爆膜的设定压力的关系，并对火灾时的排放量，停水、停电及停气等事故状态下的排放量进行计算和比较，选用可靠的安全泄压设备，以免发生爆炸。

④化工企业火炬系统的设计，应考虑进入火炬的物料处理量、物料压力、温度、堵塞、爆炸等因素的影响。

⑤工艺流程设计，应全面考虑操作参数的监测仪表、自动控制回路，设计应正确可靠，吹扫应考虑周全。

⑥控制室的设计，应考虑事故状态下的控制室结构及设施，不易受到破坏或倒塌，并能实施紧急停车、减少事故的蔓延和扩大。生产控制室在背向生产设备的一侧设安全通道。

⑦工艺操作的计算机控制设计，应充分考虑分散控制系统、计算机备用系统及计算机安全系统，确保发生火灾爆炸时能正常操作。

⑧工艺生产装置的供电、供水、供风、供气等公用设施的设计，必须满足正常生产和事故状态下的要求，并符合有关防火、防爆法规、标准的规定。

⑨应尽量消除产生静电和静电积聚的各种因素，采取静电接地等各种防静电措施。

⑩工艺过程设计中，应设置各种自控检测仪表、报警信号系统及自动和手动紧急泄压排放安全联锁设施。非常危险的部位，应设置常规检测系统和异常检测系统的双重检测体系。

2.5.3　工艺装置的安全设计

在化工生产中各工艺过程和生产装置，由于受内部和外界各种因素的影响，可能产生一系列的不稳定和不安全因素，从而导致生产停顿和装置失效，甚至发生毁灭性的事故。材料的正

确选择是工艺装置安全设计的关键,也是确保装置安全运行、防止火灾爆炸的重要手段。选择材料应注意以下 3 个问题:

①必须全面考虑设备与机器的使用场合、结构形式、介质性质、工作特点、材料性能等。

②处理、输送和分离易燃易爆、有毒和强化学腐蚀性介质时,材料的选用应尤其慎重,应遵循有关材料标准。

③选用材料的化学成分、机械性能、物理性能、热处理焊接方法应符合有关的材料标准,与设备所用材料相匹配的焊接材料要符合有关标准、规定。

为保证生产过程中的安全,在工艺装置设计时,必须慎重考虑安全装置的选择和使用。由于化工工艺过程和装置、设备的多样性和复杂性,危险性也相应增大,所以在工艺路线和设备确定之后,必须根据预防事故的需要,从防爆控制危险异常状况的发生,以及灾害局限化的要求出发,采用不同类型和不同功能的安全装置。对安全装置设计的基本要求有以下 5 条:

①能及时准确和全面地对过程的各种参数进行检测、调节和控制,在出现异常状况时,能迅速报警或调节,使它恢复正常安全地运行。

②安全装置必须能保证预定的工艺指标和安全控制界限的要求,对火灾、爆炸危险性大的工艺过程和装置,应采用综合性的安全装置和控制系统,以保证其可靠性。

③要能有效地对装置、设备进行保护,防止过负荷或超限而引起破坏和失效。

④正确选择安全装置和控制系统所使用的动力,以保证安全可靠。

⑤要考虑安全装置本身的故障或误动作造成的危险,必要时应设置 2 套或 3 套备用装置。

2.5.4 过程物料的安全评价

过程物料的选择,应就物料的物性和危险性进行详细的评估,对一切可能的过程物料从总体上来考虑。过程物料可以划分为过程内物料和过程辅助物料两大类型。在过程设计中,需要将汇编出过程物料的目录,记录过程物料在全部过程条件范围内的有关性质资料,作为过程危险评价和安全设计的重要依据。过程物料所需的主要资料如下所述。

①化学产品和企业标识:化学产品名称、企业名称、地址、邮编、电传号码、企业应急电话、国家应急电话。

②主要组成及性状:主要成分(每种组分的名称、CAS 号、分子式、相对分子质量、含量)、产品的外观和形状、主要用途。

③危险性概述:危险性综述、物理和化学危险性、健康危害、环境影响、特殊危险性。

④急救措施:眼睛接触、皮肤接触、吸入、食入。

⑤燃爆性与消防措施:燃烧性、闪点、引燃温度、爆炸极限、灭火剂、灭火要领。

⑥泄漏应急处理:应急行动、应急人员防护、环保措施、清除方法。

⑦搬运与储存:搬运处置注意事项、储存注意事项。

⑧防护措施:车间卫生标准、检测方法、工程控制、呼吸系统防护、眼睛防护、身体防护、手防护、其他卫生注意事项。

⑨物理化学性质:熔点、沸点、相对密度、饱和蒸汽压、燃烧热、临界温度、临界压力、溶解性。

⑩稳定性和反应活性:稳定性、避免接触的条件、禁配物、聚合危害。

⑪毒理学资料:急性毒性、刺激性、致敏性、亚急性和慢性毒性、致突变性、致畸性、致癌性。

⑫环境资料:迁移性、持久性/降解性、生物积累性、生态毒性、其他有害作用。

⑬废弃处理:废弃处置方法、废弃注意事项。

⑭运输信息:危险性分类及编号、UN 编号、包装标志、包装类别、包装方法、安全标签、运输注意事项。

⑮法规信息:化学品安全管理法、作业场所安全使用化学品规定、环境保护法。

2.5.5　工艺设计安全校核

工艺设计必须满足安全要求,机械设计、过程和布局的微小变化都有可能出现预想不到的问题。工厂和其中的各项设备是为了维持操作参数在允许范围内的正常操作设计的,在开车、试车或停车操作中会有不同的条件,因而会产生与正常操作的偏离。为了确保过程安全,有必要对设计和操作的每一细节逐一校核。

1) 物料和反应的安全校核

①鉴别所有危险的过程物料、产物和副产物,收集各种过程物料的物质信息资料。

②查询过程物料的毒性,鉴别进入机体的不同入口模式的短期和长期影响以及不同的允许暴露限度。

③考察过程物料气味和毒性之间的关系,确定物料气味是否令人厌倦。

④鉴定工业卫生识别、鉴定和控制所采用的方法。

⑤确定过程物料在所有过程条件下的有关物性,查询物性资料的来源和可靠性。

⑥确定生产、加工和储存各个阶段的物料量和物理状态,将其与危险性关联。

⑦确定产品从加工到用户的运输中,对仓储人员、承运员、铁路工人等呈现的危险。

2) 过程安全的总体规范

①过程的规模、类型和整体性是否恰当。

②鉴定过程的主要危险,在流程图和平面图上标出危险区。

③考虑改变过程顺序是否会改善过程安全。所有过程物料是否都是必需的,可否选择较小危险的过程物料。

④考虑物料是否有必要排放,如果有必要,排放是否安全以及是否符合规范操作和环保法规。

⑤考虑能否取消某个单元或装置并改善安全。

⑥校核过程设计是否恰当,正常条件的说明是否充分,所有有关的参数是否都被控制。

3) 非正常操作的安全问题

①考虑偏离正常操作会发生什么情况,对于这些情况是否采取了适当的预防措施。

②当工厂处于开车、停车或热备用状态时,能否迅速通畅而又确保安全。

③在重要紧急状态下,工厂的压力或过程物料的负载能否有效而安全地降低。

④对于一经超出必须校正的操作参数的极限值是否已知或测得,如温度、压力、流速等的极限值。

⑤工厂停车时超出操作极限的偏差到何种程度,是否需要安装报警或断开装置。

⑥工厂开车和停车时物料正常操作的相态是否会发生变化,相变是否包含膨胀、收缩或固化等,这些变化是否被接受。

⑦排放系统能否解决开车、停车、热备用状态、投产和灭火时大量的非正常的排放问题。

⑧用于整个工厂领域的公用设施和各项化学品的供应是否充分。

⑨惰性气体一旦急需能否在整个区域立即投入使用,是否有备用气供应。

⑩在开车和停车时,是否需要加入与过程物料接触会产生危险的物料。

2.6　优化化工安全设计的作用——预防化工事故发生

1)我国化工企业安全管理存在的漏洞和问题

在相关部门的干预和管理之下,近年来我国的化工安全事故的发生频率呈下降的趋势,在一定程度上得到了改善,但是,一些严重的问题依旧存在,仍需要进行全面的管理和改善。首先,化工企业内部的机器设备已经趋于老化,但是由于企业不愿意引进新的机械设备,所以自动化操作和机械设备的安全管理都不能得到保障,加之一些操作人员不具备安全操作的能力,存在错误操作的现象。其次,化工企业没有提高对于安全方面的设计工作的认识,一些化工企业在安全管理上既没有相应的预案,又没有必要的突发事故处理措施,一旦出现安全事故,难以在最短的时间内将危害降低到最小。最后,在一些化工企业的管理方面,并没有完善的系统,管理人员的责任分工不明确,日常的管理和监察工作落实不到位。

2)危险化学品安全生产形势

人们的生产生活工作中必须依靠各种形式的工业生产,而大部分的工业生产都以化学原料为基础,无论是人们日常生活中所需要的生活用品还是其他,大多离不开化学原料。虽然化工生产是一个具有很大危险系数的企业,但是,人类社会的进步和经济的发展,依旧离不开化工企业的发展。虽然近年来化工安全责任事故频发,但是通过经验的积累和案件的总结,我们发现,有很大一部分的安全事故是可以杜绝的。大部分的化工原料都具有一定毒性、腐蚀性,同时也是易燃易爆的物质,在生产和提纯的过程中必须严格管理操作车间的环境,并要严格监控好每一个操作的流程,任何一个流程的错误操作,都会造成重大的安全事故。根据相关调查和分析,只有提高化工企业安全生产的监控和管理,并严格规范每一个操作流程,我国的化工安全事故才会得到有效控制。

综上所述,化工企业的安全事故发生频率比较高,这与化工企业的性质相互关联。为了进一步降低安全事故的发生概率,保障人民群众的生命财产安全,需要不断地总结以往事故的经验,并进行系统分析,从事故中总结经验,总结解决办法。同时,还需要制订不同性质化工事故的解决办法预案,以便于在事故发生的初期能够迅速启动管理预案,将危害降到最低。防患大于未然,与其不断地研发事故的处理措施,不如在化工生产的过程中,全面进行监控和管理,及时发现化工生产工作中存在的漏洞,将危险解决在萌芽中。随着科学技术的不断发展,以及人们对于化工企业安全生产的认识提高,政府机关干预手段的不断加强,我国的化工安全生产水平将会得到很大的提升。

思考与习题二

一、简答题

1.化工安全设计的概念是什么?

2.从化工安全的角度考虑,厂址的选择与总平面布置需要考虑哪些因素?

3.厂区管道布置的设计思路、要求和原则是什么?

4.车间布置注意事项有哪些?

5.建筑物的耐火等级分类标准是什么?

6.建筑物的防火结构有哪些? 分别有什么作用?

二、判断题

1.建筑物应根据其重要性、使用性质、发生雷电事故的可能性和后果分 3 类。　　　(　　)

2.建筑物有门窗的墙壁外缘或突出部分外缘的情况下,管架与建筑物、构筑物的最小水平距离为 3.0 m。　　　(　　)

3.泵列与泵列间的距离不应小于 2.0 m。　　　(　　)

4.有毒、有粉尘和有气体腐蚀的设备,应各自相对集中布置并加强通风设施和防腐、防毒措施。　　　(　　)

5.设备布置尽量采用露天布置或半露天框架式布置形式,以减少占地面积和建筑投资。比较安全而又间歇操作和操作频繁的设备一般可以布置在室内。　　　(　　)

第3章
化工本质安全与化工过程强化

化学工业是国民经济的基础工业,也是风险较高的行业。由于危险化学品所固有的易燃易爆、有毒有害的特性,目前化工行业安全形势仍比较严峻,火灾、爆炸、泄漏和中毒等事故频发,造成人员伤亡、财产损失或环境污染。随着高参数、高能量、高风险的化工过程的出现,化工事故隐患越来越多,事故也更加具有灾害性、突发性和社会性,对化工安全技术的研究也必须伴随着化工行业的发展而不断完善。

将本质安全原理应用于化工行业对预防化工事故具有重要的意义。传统预防事故的方法是以法令规则为第一阶段,以有关标准或规范为第二阶段,再以总结或企业经验标准为第三阶段来制订安全措施,但是,用这种"事故的后补式"方法,并没有真正消除或降低化工过程中的危险因素。所以应极力提倡事前彻底研究化工装置事故发生的潜在原因,系统地采取安全措施,采用所谓"问题发现式"的预测方法。本质安全就是试图从过程设计、流程开发等源头上消除或降低化工过程的危害,被广泛地认为是有效的事故预防手段。

3.1 化工本质安全概述

3.1.1 本质安全化理念的产生与发展

化工行业事故多发的现状促进了化工安全科学的研究,大量的安全理论和安全技术在近30年来蓬勃发展。传统的安全管理方法和技术手段是通过在危险源与人、物和环境之间的保护层来控制危险。保护层包括对人员的监督、控制系统、警报、保护装置以及应急系统等。这种依靠附加安全系统的传统过程安全方法和手段起到了较好的效果,在一定程度上改善了化学工业的安全状况,但是通过这种方法保证安全也存在很多不利之处:首先,建立和维护保护层的费用很高,包括最初的设备投入、安全培训费用及维修保养费用等;其次,失效的保护层本身可能成为危险源,进而导致事故的发生;最后,因为危险依然存在,保护层只是抑制了危险,可能通过某种人们尚未认识到的诱因就会引发事故,增加了事故发生的突然性。

所以,人们迫切需要发展新的安全手段,在确保经济效益的同时,尽可能在源头消减危险。如何从系统周期的最起始端——设计阶段达到"本质"上的安全化引发了研究者的关注。

1977 年,Trevor Kletz 教授首次提出化工过程本质安全化的概念,为过程安全的内涵赋予了新的含义:"预防化学工业中重大事故的频发的最有效手段,不是依靠更多、更可靠的附加安全设施,而是从根源上消除或减小系统内可能引起事故的危险,来取代这些安全防护装置。"1991 年 Kletz 教授给出了基本原则来定义"本质安全化",见表 3.1。

表 3.1　本质安全化通则

通则	释义
最小化	减少系统中危险物质
替换	使用安全或危险性较小的物质或工艺替代危险的物质或工艺
缓和	采用危险物质的最小危害形态或者是危害最小的工艺条件
限制影响	通过改进设计和操作,限制或减小事故可能造成的破坏程度
简化	通过设计简化操作,减少安全防护装置使用,减少人为失误的可能性
容错	使工艺设备具有容错功能,保证设备能够经受扰动,反应过程能承受非正常反应

20 世纪 80 年代以来,美国、加拿大、欧盟等国家和地区已经对本质安全化这一课题开展了一系列的研究和实际应用,取得了一定的成果。1997 年,由欧盟资助 INSIDE(Inherent SHE In Design Project Team, INSIDE)项目研究了本质安全化技术在欧洲过程工业的应用,主要目的是验证本质安全化设计方法在化学工业应用的可行性,鼓励化学工艺和设备本质安全化的应用及研究,提出了乙烯类本质安全化应用技术方法。在 2000 年,有关本质安全健康环境分析方法工具箱(The Inherent Safety Health and Environment Evaluation Tool,INSET)的研究有了一定的成果。在 2001 年,Mansfield 整理工具箱的相关理论并发表报告。工具箱收集了 31 种方法,主要是在设计阶段从安全、健康、环境角度分析工艺优化选择问题。工具箱分为 4 个过程,分别是化学路线的选择、化学路线的具体评价分析、工艺过程设计的最优化和工艺设备设计,主要覆盖设备寿命周期的早期设计阶段。相关研究者根据欧洲一些化工企业运用 INSET 工具箱的实际情况,分析得出本质安全化原理是有效的,INSET 工具箱是可行的,在设计早期阶段运用更经济。但在设计的早期阶段由于得不到全面的数据信息,只能采用较为简单的本质安全化分析方法,具有一定的局限性。

3.1.2　本质安全化评价方法及指标体系

在化工过程领域中,工艺流程的选择是初期设计中的一个关键问题,"本质安全"的工艺方法能起到减少和控制风险的效果,然而就目前来说,绝对的本质安全是不存在的,因此人们就需要寻找合适的方法来评价每个过程中本质安全化的程度,把安全、健康以及环境的影响进行量化,描述这些的指标可以包括温度、压力、屈服强度以及工作介质等多个方面。

当前,国内外从事这一领域的研究者较多,但多以定性研究为主,定量研究的成果相对较少,其中具有代表性的化学工艺过程本质化安全分析的方法主要有:

①Edwards 和 Lawrenee 提出的 PIIS(Prototype Index of Inherent Safety)法,主要目的是对化工工艺过程路线选择的评价,对每个指标给定安全系数,优点是对较容易获得信息的指标进行分析,最后得出安全系数之和,这种方法应用比较广泛,但没有综合考虑化工过程的安全、环境与职业健康,评价简单化。

②Heikkila 和 Hurme 提出的 ISI(Inherent Safety Index)法,这种方法是在 PIIS 指标基础上发展而来,扩大了本质安全指标的范围,对过程的把握更加全面,实施需结合化工事故统计数据、专家经验及专业技术分析。但这种方法对指标权重和等级的划分比较主观,所得结果可能产生较大差异,可比性不佳。

③Koller 等人提出的 SHE(Safety,Health and Environmental)评估方法。

④Khan 和 Amyotte 提出的 IISI(Integrated Inherent Safety Index)法,这种方法结合了 HI(Hazard Index)和 ISPI(Inherent Safety Potential Index)的优点来进行化工工艺过程本质安全化量化计算。它将本质安全的应用程度转换成指标形式,来评价过程的本质安全性,能够较为直观地显示本质安全化原理的应用对过程的影响。相比 PIIS、ISI 以及 SHE 等孤立的指标结构是一个明显的进步。

近几年来,又有很多本质安全的评价方法和指标陆续推出,如 ISIM、TRIZ、IBI、PRI 等,这些方法各具特色,在多个方面逐步推进和完善了本质安全化评价的理念和可操作性。

国内方面,对本质安全的研究起步较晚,这方面的专题研究开展得较少,但是国内也越来越重视化工行业的本质安全化研究,通过吸收和总结国外的成果,在诸如《职业安全卫生术语》(GB/T 15236—94)、《化工企业安全卫生设计规定》(HG 20571—95)等一些标准、法规中逐步推广本质安全化的理念和方法。

3.2　本质安全化设计策略

众所周知,本质安全化的化工过程设计由不同的部分组成,所以,化工工程开发中本质安全化效果要达到最优,一般最常用的方法是分步设计法。由于化学品储存、能量释放、温度和压力等是化工厂生产过程中最主要存在的危险因素,因此采取衰减限制、强化替代等措施处理这些危险因素,能够有效降低甚至达到消除化工过程中危害的目的。

3.2.1　设计原则与等级

本质安全化的化工过程设计原则包括替代、强化、限制、简化、缓和及影响。而强化又包括最小化与消除。同时各种原则可应用于不同的危险类型,能够实现不同的本质安全化效果。另外,就等级而言本质安全化设计包括距离防护、消除和减少危险。

首先,距离防护指为人或其他装置与危险源之间设置足够的安全距离或设备来进行防护,也就是限制影响,但设计初期无法实现。其次,减少危害即危害无法消除时降低危险程度,根据不同表现形式分为减少危险发生的概率和后果。前者是通过强化生产设备,消除不必要的安全防护措施,达到减少"多米诺效应"及人为失误,简化化工过程的目的;后者指缓和过程操作条件或减少物质储量等,即缓和、强化与替代。最后,消除危险是指将危险物质消除或用另一种无害物质替代等,但要注意避免引进新的危害以保证最佳的本质安全化设计效果。

3.2.2　本质安全化的化工过程设计策略

本质安全化的化工过程设计策略有:

1) 可行性分析

所谓可行性分析,即通过对国家职业卫生和安全生产法律法规的贯彻执行,促进项目实现本质安全,尤其是项目选址的确立,要综合考虑地形地质、气象水源及周边环境等因素,以避免周边环境与项目间产生制约关系。

2) 工艺探索

通过相关工艺处理原料转化为产品的过程即化工过程,而在化工过程中化学反应占据着核心位置,所以化学反应工艺设计在系统集成中具有本质的重要性。从一定程度分析,对化工过程中本质安全性起到决定性作用的是反应系统。具体来说,原料路线、反应条件及路线是化工工艺体现本质安全的关键,尤其是加深对化学反应本质过程的危险性探析,比如爆炸范围、评估化学活性物质危险性、预测反应放热等。

首先,反应物选择。借助化学品理化特性数据库,将可燃、有毒或高毒的物质用不易燃、无毒或低毒的物质替代,来限制或减少危害。其次,反应条件。通过新工艺路线应用规避产生危险的中间产物或危险原料,或用催化剂等有效化学剂来降低副反应危害,以改善条件苛刻度。最后,反应路线。通过各种试验优化过程工艺,促使反应介质浓度和温度压力降低,从而缓和反应条件。

3) 概念设计

概念设计阶段设计要侧重降低过程环境影响和实现经济最优。随着社会经济的快速发展,人类越来越重视安全问题。为此,化工生产过程既要达到上述目的,也要加强过程本质安全化设计的研究。首先,库存设置。运用物料衡算工具减少或限制中间储存设施量,达到消减库存的目的。其次,流程安全性。利用流程模拟软件不断模拟优化流程,以实现流程的优化简化。最后,能量释放。通过对化工过程反应热转移与机理和动力学三者关系的分析,采取稀释、连续过程或将液相进料用气相进料取代等,尽量缓和剧烈反应减少热危害。

4) 基础设计

基础设计阶段以生产装置形式设计为主,一般是通过提高设备可靠性实现本质安全提升。而该阶段应充分考虑对新型设备和技术的应用,以实现对设备大小合理调整的目的,从而避免储存于设备内的能量物料大量向外释放腐蚀性,或减少危险物料量的外泄,同时要确保设备不会因腐蚀导致可靠性降低,必须合理考虑防范措施和设备材质的选择。

5) 工程设计

工程设计阶段要以上一阶段设计内容为基础,一方面增加对定型设备规格型号、材质及零部件等要素详细说明的清单,另一方面需要设计装配制造非定型设备的加工图,包括设备平面和立面的布置图、装置安装施工流程图,以及带控制点的管线流程图等。

本质安全化的化工过程设计并非纯单向的,各阶段均能评价前一阶段工作状态,一旦发现失误或缺陷,就必须返回重新研究和修正上一阶段,即通过不断地重新设计,以充分保证设计方案的合理性、科学性。

3.3 本质安全化的化工过程设计方法

3.3.1 化工过程多稳态及其稳定性的量化表征

1) 化工过程的多稳态特征

描述化工过程的动态方程,即状态变量对于时间的常微分方程组,通常具有多个稳态解。稳态解是指动态系统中使得系统变化率为零的操作点。根据稳态点在扰动后是否能够回复到之前稳态操作点的动态特性,可以将稳态操作点划分为稳定的稳态操作点和不稳定的稳态操作点。Seider 等强调了化工过程设计中对系统非线性特性分析的重要性。袁其朋等研究了固定化酵母粒子中生产乙醇的定态分岔行为,找到了该过程的多个稳态解。Balakotaiah 等用分岔理论分析了在简单全混釜的多稳态特性。Razon 等在综述了化工反应系统中的多态及不稳定特性的基础上,在研究中也观察到在简单连续搅拌釜反应器中存在多稳态解和周期振荡现象。Monnigmann 等提出了针对强非线性过程提高系统稳定性的优化设计方法,并将该方法用于醋酸乙烯酯聚合过程、甲苯加氢脱烷基化过程以及混合悬浮混合排料(MSMPR)结晶过程。Meel 等在研究多目标优化的设计方法中也指出在反应系统中存在多稳态解的现象。Marquardt 等提出了非线性动态过程构建方法(CNLD),并将该方法用于色氨酸合成过程。Lemoine-Nava 等利用非线性分岔分析方法分别对苯乙烯自由基聚合反应器进行了分析,对控制系统的设计给出指导建议,同时也对聚亚安酯釜式反应器的开环系统进行了研究,讨论了系统的多稳态特性。Katariya 等通过分岔分析确定合成甲基叔戊基醚(TAME)的反应精馏过程中存在多稳态,指出进料状态和 Damkohler 数的变化是产生多稳态的原因。Mancusi 等进行了工业合成氨反应器的多稳态研究,揭示了合成氨反应器在一次操作中压力减小造成持续震荡进而引发事故的机理。除了定性地判断化工过程稳态操作点的稳定性之外,还需要对多个稳定的稳态操作点定量描述它们的稳定性。针对这个问题,从稳定的稳态操作点遇到扰动后的动态响应特性来定量描述:稳定的稳态操作点能够承受的最大扰动范围,稳定的稳态点在扰动后回复到之前操作点的速率。

2) 稳态操作点的稳定性表征

通常情况下,对于化工过程中稳定的稳态操作点,在遇到小的扰动之后,随着时间的推移能够回复到扰动之前的稳态操作点。但是,随着扰动逐渐增大,当增大到某一个特定值后,稳定的稳态点就无法再回复到扰动之前的稳态操作点。因此,研究化工过程稳定的稳态解能够承受的扰动范围,提出抗扰动能力指数,定量表征稳定的稳态解对于扰动的承受能力,可以为进一步设计本质安全化的化工过程提供依据。

除了能够承受的最大扰动范围不同外,稳定的稳态点在遇到扰动后,回复到扰动之前的稳态点的速率也不相同。即使距离很近的两个稳定的稳态操作点,在扰动下的回复速率差别也很大,即回复到扰动之前的稳态操作点所需要的时间差别很大。因此,在化工过程设计中,优先考虑扰动后回复速率较快的操作点作为设计方案中选择的操作点。

在化工过程设计中,为了精确地比较不同稳定的稳态点的稳定性,需要量化表征稳定的稳态操作点在上述两方面的特性。对于已有的多个稳定的稳态操作点,量化表征后的稳定性指数可以为多目标优化设计提供基础。

对于化工过程的动态系统方程：

$$\frac{\mathrm{d}x}{\mathrm{d}t} = F(x) \tag{3.1}$$

$$x(0) = x^* + \Delta x \tag{3.2}$$

式中　x^*——系统稳定的稳态解；

　　　Δx——系统遇到的扰动。

稳定稳态点所能承受的最大扰动范围（RI）的量化表征的一种构造方法为：

$$RI = \frac{\max(\Delta x^+) + \max(\Delta x^-)}{x^*} \tag{3.3}$$

式中　$\Delta x^+ \leq x^*$，$\Delta x^- \leq x^*$，Δx^+ 和 Δx^-——分别是系统所能够承受的正向扰动和系统所能够承受的负向扰动。

用 SI 表示稳定稳态点在扰动后回复原来操作点速率的大小，一种构造 SI 的表达式如下：

$$SI = \left| \frac{\prod\limits_{i=1}^{n} \lambda_i}{\sum\limits_{i=1}^{n} \prod\limits_{j=1j \neq 1}^{n} \lambda_i} \right| \tag{3.4}$$

式中　λ_i——动态方程组雅可比矩阵在稳定的稳态操作点处的特征值。

将 RI 和 SI 归一化，定义稳定性指标为 QI，构造 QI 的表达式如下：

$$QI = \min(RI_{normalized}, SI_{normalized}) \tag{3.5}$$

通过设计的 QI，可以量化表征不同稳定的稳态点的稳定性，从而为多目标优化提供依据。

综合考虑经济性和稳定性两方面的因素，需要进行多目标优化设计。确定化工过程动态系统中稳定的稳态点的稳定性的表征方法之后，相应的优化设计具体步骤如下：

①求解动态系统的所有稳态解。

②判断系统稳态解的稳定性，划分出稳定稳态解区域和非稳定稳态解区域。

③对于稳定的稳态解区域内的操作点，计算 RI，RI 越大，能够承受的扰动范围越大。

④对于稳定的稳态解区域内的操作点，计算 SI，SI 越大，遇到扰动后收敛速率越大。

⑤将 RI 和 SI 归一化，计算稳定稳态解对应的 QI。

⑥基于 QI 建立多目标优化方程，求解计算优化方案。

在化工过程设计中，通过对操作点稳定性的量化表征，在化工过程设计阶段充分考虑系统的稳定性，选择能够承受较大范围扰动，同时在遇到扰动之后能够迅速回复的稳定的操作点作为优化设计方案。

3.3.2　化工过程中的奇异点及相应的设计方法

化工过程中存在复杂的非线性动态特性，除了多稳态现象之外，在特定的操作条件下系统还会自发产生持续的振荡现象，振荡现象在连续发酵过程中报道较多。

微生物发酵过程是复杂的生化反应过程，常产生多稳态、自发持续振荡等现象。应用数学方法对此类问题建模并分析其解的渐近性态，探讨发酵过程的优化控制等问题一直都是人们关注的研究方向。从文献统计看，关注较多的是以微生物连续发酵生产 1,3-丙二醇体系和运动发酵单胞菌连续发酵生产乙醇的体系中的振荡现象。

1) 肺炎克雷伯菌连续发酵生产1,3-丙二醇

1,3-丙二醇(1,3-PD)是一种重要的化工原料,是合成许多具有优良特性的聚合物的单体。相对于化学合成法,微生物发酵生产1,3-丙二醇具有原料可再生、操作简便、反应条件温和、副产物较少和环境污染小等优点。1,3-丙二醇发酵体系中存在 Hopf 奇异点,在奇异点附近会产生周期性的振荡,对应为极限环,如图 3.1 所示。

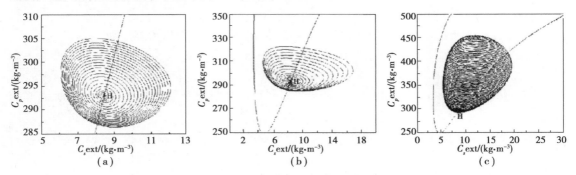

图 3.1　Hopf 奇异点附近引发的极限环

(a) Limit cycles(part Ⅰ);(b) Limit cycles(part Ⅱ);(c) Limit cycles

在该体系中,随着操作条件的变化,Hopf 奇异点的位置也发生改变,在由两个主要操作参数组成的操作平面内,Hopf 奇异点的分布如图 3.2 所示。

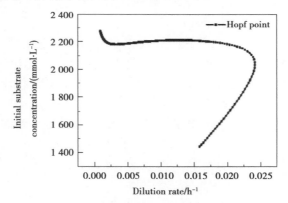

图 3.2　操作参数域上的 Hopf 奇异点

对于操作参数域上的奇异点,在优化设计过程中,需要考虑操作点与奇异点的距离,这里定义如下的指标来定量描述操作参数距离奇异点区域的距离。

$$DI = \min\left(\frac{\delta_w}{\Delta W}, \frac{\delta_h}{\Delta H}\right) \tag{3.6}$$

其中,ΔW 和 ΔH 分别表示奇异点区域的宽度和高度;δ_w 和 δ_h 分别表示操作点距离奇异点曲线的水平距离与竖直距离,因此,DI 描述了操作点距离奇异点曲线的相对最小距离,具体内容如图 3.3 所示。使用量化表征的操作点与奇异点区域的距离,优化计算最佳的操作参数。当阈值为 0.5 时,即允许的 DI 最小为 0.5 时,优化结果如图 3.4 所示。

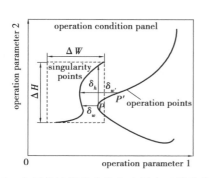

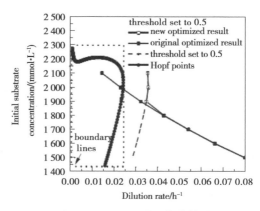

图 3.3　定量描述操作参数与奇异点区域的指标　　　图 3.4　$DI \geqslant 0.5$ 时的优化结果

从图 3.4 的结果中可以看到,在考虑奇异点区域的约束之后,优化结果可以有效避开可能引发振荡的奇异点区域。通过在设计阶段考虑体系中可能存在的振荡现象,有效避免在这些区域内选择操作点,对于提高体系的稳定性,提高产品的质量具有重要意义。

2) 运动发酵单胞菌连续生产乙醇

除了生产 1,3-丙二醇的体系外,运动发酵单胞菌连续生产乙醇体系中的振荡现象也是研究较多的对象。

运动发酵单胞菌连续发酵生产生物乙醇。有文献报道,与稳态操作相比,振荡行为难以预测和控制,影响产物收率,因此,需要加以回避或使之弱化。运动发酵单胞菌发酵过程中存在奇异点,在奇异点附近产生的极限环如图 3.5 所示。周期性变化的振荡现象对于操作过程的平稳以及产品质量的提高都不利,因此,需要在设计阶段采取适当措施规避振荡现象。

在单个操作参数与产物浓度组成的平面上,随着参数的改变,体系中的 Hopf 奇异点位置发生相应改变,具体如图 3.6 所示。

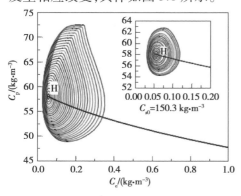

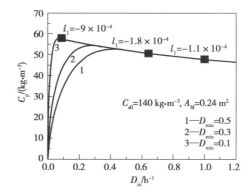

图 3.5　奇异点附近产生的极限环　　　图 3.6　不同操作参数情况下体系中的 Hopf 奇异点

由两个操作参数组成的操作参数域上,体系的 Hopf 奇异点的分布如图 3.7 所示。由图可知,在大范围的操作参数域内,都存在奇异点。为了避免从操作点引发的振荡现象,需要与奇异点区域保持一定的距离。此时,对操作点进行优化,得到的结果如图 3.8 所示。

化工过程的本质安全化设计是一个复杂的工程问题。将操作点的稳定性作为化工过程本质安全化设计的一个重要考虑因素,量化表征稳定的稳态点的稳定性,通过多目标优化,最后找到能够承受较大扰动范围,同时遇到扰动能够快速回复的化工过程操作点。特别针对可能存在的振荡现象,提出相应的奇异操作点的规避方法。通过对两个连续发酵过程的研究,表明了这种方法对于规避可能产生振荡现象的操作点的有效性。

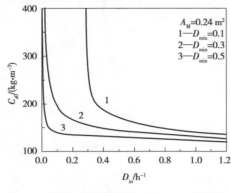

图 3.7 操作参数域内的奇异点组成的曲线　　　　图 3.8 优化计算结果

综上所述,通过使用本质安全化的化工过程设计方法,可以设计出本质上具有在不确定因素扰动下仍能维持稳定运行特性的化工过程,进而从源头上降低生产中事故发生的概率,提高化工过程的安全性。

3.4 石油化工装置本质安全设计

石油化工行业是国民经济的基础产业,也是物理性、化学性、生物性、心理性和生理性以及行为性显在或潜在危险、有害因素聚集的行业。随着高密度、高参数、高能量、高风险的石油化工装置的出现,石油化工行业的事故及其隐患也随之增多,事故的灾害性、意外性、突发性和社会性更大。基于石油化工装置的上述特点,一种全新的超前预防事故的安全理念随之产生,即本质安全。通过设计手段使生产设备或生产系统本身具有安全性,即使在误操作或发生故障的情况下也不会造成事故,具体包括失误安全和故障安全两种安全功能。本质安全设计的目标是:采用物质技术手段,预防生产安全事故,尤其是防止重特大事故和类似事故重复发生;即使发生事故,人员也能免遭伤害或能安全撤离,最大限度地减轻事故的严重程度。因此,石油化工装置本质安全设计具有重要的理论和现实意义。

石油化工装置本质安全设计不同于传统的过程控制设计,它是以安全系统工程为理论基础,以危险、有害因素辨识为前提,安全评价为手段,风险预控为核心,事故致因理论为指导的集科学性、系统性、主动性、超前性于一体的贯穿于石油化工装置可行性研究、初步设计、施工图设计等全过程的现代设计方法。根据石油化工装置设计、施工和运行管理等,对石油化工装置本质安全的设计原则、设计程序和设计方法进行探讨,以期为石油化工装置本质安全设计提供一种指导性的思路和实用性的方法。

3.4.1 本质安全的设计原则

自 20 世纪 50 年代本质安全理论诞生以来,大致经历了经验、制度和预控 3 个阶段。预控即本质安全阶段,是安全管理的最高阶段,其基本的原理是运用风险管理技术,采用技术和管理综合措施,以管理潜在风险源来控制事故,从而实现一切意外和风险均可控的目标。本质安全设计是实现该目标的主要前提和保证。本质安全设计是从项目规划、工艺开发、过程控制等源头消除或降低危险、有害因素,从而实现安全生产的目的,因此,必须遵守以下设计原则。

1) 安全第一、预防为主的原则

以人为本、安全第一是本质安全设计的最高目标。生产和安全相互依存,不可分割。离开生产活动,安全就失去了意义,没有安全保障,生产就不能顺利进行。安全和生产的辩证关系要求石油化工装置本质安全设计过程中必须执行有效性服从安全性的原则。

有效性是装置正常运行时间占总时间的百分比。任何装置都不能排除出现故障的可能性,本质安全装置也不例外,关键是在故障出现时,是否具有诊断、定位、排除和报警的功能。为了提高有效性,本质安全装置必须具备容错和诊断功能,以减少停车时间。为此,应在设计中采用分散和冗余技术。分散包括本质安全装置各组成单元的结构分散、设备物理位置分散、控制系统信号采集点来源分散和网络分散等。冗余包括装置结构化及其数量冗余、控制系统冗余、通信模块冗余、连接介质冗余和电源冗余等。容错是提高装置有效性的重要手段,容错是指装置在出现故障时仍能继续工作,同时又能查出故障的能力。容错包括 3 种功能:故障检测、故障鉴别、故障隔离。冗余、容错、重化结构装置的配置,在提高装置安全性和诊断覆盖率的同时,也提高了装置的有效性。有效性虽不影响系统的安全性,但装置的有效性低可能会导致装置和工厂无法进行正常生产。

系统安全是指在系统整个生命周期内,应用系统安全工程和管理方法,识别系统中的危险源,定性或定量表征其危险性,并采取控制措施使其危险性最小化,从而使系统在规定性能、时间和成本范围内达到最佳的安全的程度。安全度是装置在规定条件下、规定时间内完成规定功能的概率,其量化指标为安全完整性目标测量值,其值越小,安全度越高。安全性针对过程的两个方面:过程问题和系统故障。装置安全性是组成系统各环节安全性的乘积。要提高装置的安全性,必须同时提高组成装置的各环节的安全性,具体应选用高安全性的工艺流程、设施、设备、监视控制系统和各种防护措施等。

安全是相对的,危险是绝对的。危险是系统处于容易受到损害或伤害的状态,常指危险或有害因素。有害因素是指能对人造成伤害或对物造成突发性损害的因素,主要是指客观存在的危险,有害物质或能量超过一定限值的装置、设备和场所等。安全是指系统处于免遭不可接受危险伤害状态,其实质就是防止事故,消除危险、有害因素存在的条件。本质安全设计以危险源辨识为基础,以风险预控为核心,以管理人的不安全行为为重点,以切断事故发生的因果链为手段,旨在从过程设计、工艺开发等源头消除或降低危险源。采取的方案有原料替代、能量控制、工艺方案选择、本质安全评价等。

2) 设备技术优先原则

安全和危险是一对互为存在的概念,安全度和危险度分别是这对概念的定性和定量的度量。人的操作和管理失误、设备故障、意外因素等引发事故是不可避免的。大量事故和试验证明,人的失误率相对较高,以百分计。而设备的失误率(故障率)较低,以千分计、万分计。经过特别、专门技术的设计和加工,设备的失误率可低于十万分之一或更低。因此,以创造失误率很低的物质技术条件来保障安全生产,就成为必然的选择。要保障安全生产,工艺技术、工具设备、控制系统和建筑设施等应具有预防人为失误和设备故障引发事故的功能,最低限度也要做到即使发生事故,人员不受伤害或能安全撤离,以降低事故的严重程度,这就是本质安全设计的设备技术优先原则。

3）目标故障原则

事故是指造成人员死亡、伤害、职业病、财产损失或其他损失的意外事件。造成事故的根本原因是存在危险有害物质、能量和危险有害物质、能量失去控制的综合作用,并导致危险有害物质的泄漏、散发和能量的意外释放。故障是功能单元终止执行要求功能的能力,根据故障的表现形式可分为显形故障和隐形故障。显形故障是指能够显示自身存在的故障,属于安全故障。隐形故障是指不能显示自身存在的故障,属于危险故障。危险故障是使本质安全系统处于危险并使其功能失效的潜在故障,隐形故障一旦出现,可能使生产装置陷入危险。本质安全系统的设计目标就是使系统具有零隐形故障,并且尽量少的影响有效性的显形故障,从而实现装置生产的零事故。

4）故障安全原则

故障安全包括失误安全和故障安全。失误安全是指失误操作不会导致装置事故发生或自动阻止误操作的能力。故障安全即为设备、设施、工艺发生故障时,装置还能暂时正常工作或自动转变为安全状的功能。冗余、容错、重化是实现故障安全的本质安全设计方法。危险源识别、风险评价、设计对策是实现故障安全的重要程序和内容。

5）安全性、有效性、经济性综合原则

有效性和安全性的目标是矛盾的,有效性的目标是使过程保持运行(安全—运行),而安全性的目标是使过程停下来(安全—停车)。提高安全性必然降低有效性。经济性综合原则就是根据装置运行要求、工艺特点,在满足设计安全等级的前提下,尽量提高装置的有效性,以减少装置的无谓停车,提高生产的经济效益。提高装置的有效性和安全性,必然增加装置的成本开销。多余的冗余以及富余的安全等级是一种浪费。科学的设计方法就是根据实际的生产过程,选择合理的系统冗余度。对于不是很重要的过程,可以牺牲一些系统安全性来提高项目的经济性和系统的有效性,而对于主要的、高危的生产过程则采用较高冗余度,以确保生产的安全平稳。在安全和经济发生冲突时,必须执行安全第一的原则。

3.4.2 本质安全的设计程序

石油化工装置本质安全设计程序包括了石油化工装置整个安全生命周期。根据国际电工委员会 IEC 61508,安全生命周期是指实现装置安全必须进行的有关活动,包括了从项目初步设计的启动到装置及其辅助设施不再可用(失效)为止的整个周期。用系统化的方法处理以上活动,以得到装置安全要求所采用的整体本质安全生命周期的理论框架(图3.9)。石油化工装置的设计一般分为可行性研究、初步设计、施工图设计等阶段,因此石油化工装置的本质安全设计也应分步进行,以提高装置本质安全水平。石油化工装置的本质安全设计不是纯单向的,每一个阶段都会对前一个阶段的工作进行评价,如发现不足和错误,则返回前一个阶段重新研究并进行修正,再重新设计,直到设计方案符合装置本质安全要求。其设计程序的流程如图3.10所示。

整体本质安全生命周期各阶段目标:

①可行性研究阶段。开发或选择工艺流程及其环境,以激活其他本质安全生命周期活动。

②整体定义阶段。确定装置和单元控制边界,定义危险和风险分析的范围。

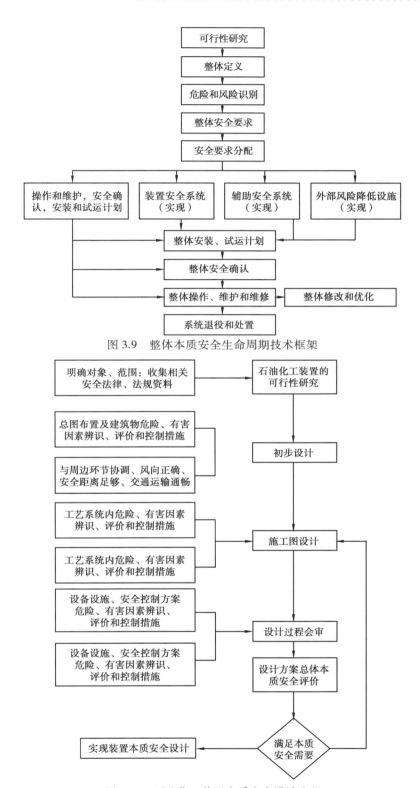

图 3.9　整体本质安全生命周期技术框架

图 3.10　石油化工装置本质安全设计流程

③危险和风险识别阶段。在可预见的环境中,包括故障条件和误用,对装置及其系统进行所有操作模式下的危险和风险评估,评估导致危险事件的结构及其风险。

④整体安全要求阶段。根据装置本质安全系统及其辅助本质安全系统和外部风险降低系统的安全功能要求,开发整体本质安全要求规格书,以达到要求的功能安全。

⑤安全要求分配阶段。分配安全功能到指定单元系统及其辅助系统、外部风险降低设施,并给每个安全功能单元分配安全系数。

⑥操作和维护,安全确认,安装和试运计划阶段。开发装置安全系统的操作维护计划,以确保在操作维护期间,保持要求的功能性安全,开发一个计划以方便装置安全系统的整体安全确认,以可控的方式开发装置安全系统的安装、试运计划,以得到要求的功能性安全。

⑦装置安全系统(实现)阶段。创建符合装置安全要求的装置安全系统(包括人、机、料、法、环5个方面的安全功能要求和安全完整性要求)。

⑧辅助安全系统(实现)阶段。创建辅助安全系统,以满足安全功能要求和安全完整性要求。

⑨外部风险降低设施(实现)阶段。创建外部风险降低设施,以满足本质安全功能要求和安全完整性要求。

⑩整体安装、试运阶段,安装和试运装置安全系统。

⑪整体安全确认阶段。按照整体本质安全要求,并考虑分配到各个单元安全系统的安全要求,确认装置安全系统整体安全要求规格书。

⑫整体操作、维护和维修阶段。运行、维护和维修装置安全系统,以保持要求的功能性安全。

⑬整体修改和优化阶段。确保在修改和优化过程之后,装置安全系统的功能性安全是适当的。

⑭系统退役和处置阶段。确保装置安全系统的功能性安全在退役或处置过程中是适当的。

3.4.3 本质安全措施的设计方法

石油化工装置的本质安全设计,是建立在以物为中心的风险预测和事故预防技术基础上的设计理念,强调先进的设计技术、本质安全措施是保障生产安全、预防操作失误、降低装置风险的有效途径。为了实现故障安全,石油化工装置往往采用多重安全防护措施。这些措施不仅包括直接安全技术措施、间接安全技术措施、指示性安全技术措施,而且也包括当这3种措施仍不能避免事故和危害发生时所采用的安全管理防护措施等,其层次结构如图3.11所示。

石油化工装置的主要危险源有易燃易爆性物质、有毒性物质、腐蚀性物质等的生产、储存;设备、设施缺陷;高温、低温;高压;能量意外释放等。根据安全防护等级的层次结构,分别采取消除、替换、强化、弱化、屏护、时空隔离、保险、联锁冗余设计、警告提示等措施。措施的最佳组合,可有效消除或降低装置事故的发生。

1) 可行性研究阶段

可行性研究阶段主要通过贯彻安全生产的法律法规、技术标准以及工程系统资料,实现项目本质安全的总体布置。

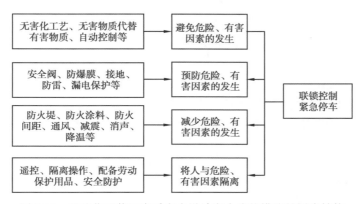

图 3.11　石油化工装置本质安全设计安全防护措施的层次结构

2）初步设计阶段

初步设计阶段主要对总图布置及建筑物的危险、有害因素进行辨识,实现项目选址和厂区平面布置的本质安全。在选址时,除考虑建设项目的经济性和技术的合理性,并满足工业布局和城市规划的要求外,在安全方面应重点考虑地质、地形、水文、气象等自然条件对企业安全生产的影响以及企业与周边地区的相互影响。在满足生产工艺流程、操作要求、使用功能需要和消防及环境要求的同时,主要从风向、安全防火距离、交通运输安全以及各类作业和物料的危险、有害性出发,确定厂区平面布置,并着手装置的工艺流程设计。

3）施工图设计阶段

施工图设计阶段就是在选定工艺流程的条件下,进行设备选型、管道走线、控制方案及控制设备等的设计。设备包括标准设备、专业设备、特征设备和电气设备等。在选用生产设备时,除应满足工艺功能外,应对设备的劳动安全性能给予足够的重视,保证设备按规定使用时不会发生任何危险,不排放超过标准规定的有害物质;尽量选用自动化程度、本质安全程度高的生产设备。选用的锅炉、压力容器等特种设备,必须由持有安全、专业许可证的单位进行设计、制造、检验和安装,并应符合国家标准和有关规定的要求。物料的腐蚀性在这一阶段应重点考虑,为保证不因设备腐蚀造成可靠性的下降,应充分考虑设备材质和防腐措施。

3.5　化工过程强化

近年来,化工发展的一个明显趋势是安全、清洁、高效的生产,其最终目标是将原材料全部转化为符合要求的最终产品,实现生产过程的零排放,减少对环境的污染。想要达到这一目标,既可以从化学反应本身着手,通过采用新的催化剂和合成路线来实现,还可以从化学工程出发,采用新的设备和技术,通过强化化工生产过程来实现。

化工过程强化,即通过技术创新、改进工艺流程、提高设备效率,工厂布局更紧凑,单位能耗更低,三废更少。过程强化是国内外化工界长期奋斗的目标,也是化学科学和工程研究的主要成果之一。

3.5.1　过程优化

某化工产品生产过程中,有大量的 N,N-二甲基乙酰胺（DMAC）随废气排出,这些废气目前国内外有两种回收工艺。一是有机溶剂萃取回收法,得到含量较高的 DMAC 和萃取剂三氯甲烷,萃取剂可循环利用。三氯甲烷是有毒物质,萃取 DMAC 后不可避免地在废水中有一定量残余,造成对水质的污染,因此从根本上并没有解决问题。另一种方法是水吸收精馏法,有鲜明的优点,设备投资省、操作简单;同时缺点很明显,即能耗大,动力成本较高。如何实现低能耗操作、降低精馏成本,是大家普遍关注的问题。

利用日益完善的测定技术补充可靠而精确的气液相平衡数据,为提高精馏分离过程操作条件控制的精确性提供了基础。实验采用双循环小型气液平衡釜,测定常压下 DMAC-水二元气液平衡数据,用面积检验法校验所测定气液平衡数据的热力学一致性。以测定的气液平衡数据为基础,编写计算机程序关联 Wilson 方程和 NRTL 方程中的模型参数,通过关联误差对比,对于 DMAC 组分的平均偏差为 0.032,平均相对偏差为 0.131,最大偏差为 0.0918。NRTL 方程程序法关联结果,对于 DMAC 组分的平均偏差为 0.043,平均相对偏差为 0.162,最大偏差为 0.110 9。Wilson 模型关联结果实验值和计算值平均相对误差最小,拟合度较好,因此 Wilson 方程较适宜该体系气液平衡数据的关联计算。系数方程关联的程序框图如图 3.12 所示。

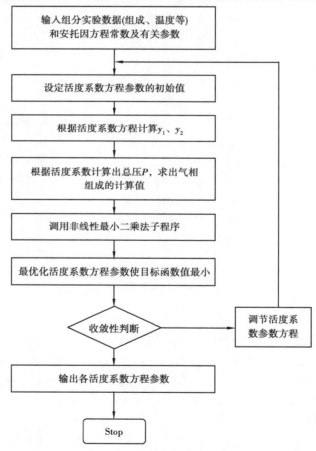

图 3.12　活度系数方程参数关联程序

3.5.2　化工过程强化的根源——工艺过程研究

化工过程强化的目标不能只停留在使已有设备提高百分之几的效率,不能满足于渐进式的变革,而应致力于在设备体积、产业化周期、能耗、物耗和环保等方面使工厂的效率取得突破性的进展。因此,对工艺过程的研究非常重要。例如,在某厂化工项目中,对其工艺过程提供了两种方案并进行对比,结果见表 3.2。从表中可以看出,连续精馏的工艺过程能减少投资、降低能耗、节省人力物力,并为以后的扩产打下基础,具有明显的技术优势。

表 3.2　某化工生产两种工艺方案对比

序号	内容	连续生产方案	间歇生产方案
1	精馏塔数量	2 台	8~10 台
2	设备投资	720 万元,130 台	1 100 万~2 000 万元,170~200 台
3	土建投资	主体 3 层,局部 5 层,建筑面积 3 180 m²,590 万元	主体 3 层,局部 4 层,建筑面积 3 600 m²,670 万~1 000 万元
4	仪表	部分采用自动调节,控制采用 DCS;投资约增加 100 万元	采用常规仪表显示,人工手动控制
5	工艺特点	一旦操作平衡点形成,便于操作监控,生产平稳,质量消耗稳定,受人为因素影响小	由于有 3 kt 间歇操作经验,操作较易掌握,试车时间较短,但质量、消耗受人为影响较大
6	技术先进性	国内首创,具有技术优势,并为以后增产打下了基础	仍采用现有技术简单扩大再生产,无优势,以后扩产会更难
7	操作	操作自动化程度高、设备少,劳动强度小,人员少	操作频繁,人员多,劳动强度较大,操作人员较多
8	技术可行性	可行,但有风险	可行,风险较小
9	项目投资估算	2 200 万元	3 770 万元
10	产品质量、消耗	低于现有消耗,质量有望达到 99% 以上	与现有消耗持平,质量有望达到 99% 左右
11	操作环境及尾气	操作环境较好,尾气量减少,处理成本降低	操作环境稍好于现有水平,尾气量较大,处理成本较高
12	工作量	小	大
13	操作人员数量	30~50 人	80~120 人

3.5.3　化工过程强化的重要手段——数值模拟研究

随着计算机应用的普及,计算机模拟技术在各个领域中得到了迅速的发展。近年来,根据环保方面的要求,如何改进硫黄回收装置的操作,减少尾气排放的二氧化硫,已经成为一个重要课题。

用计算机对克劳斯硫黄回收装置的运行过程进行数学模拟,能定量地描述各操作参数对装置运转情况的影响,经对比、分析、优化,筛选出最佳工艺操作条件,从而改进操作,为装置的运行分析快速提供一些基础的数据,以便对操作进行优化,提高整个装置运行的效率。

同时,针对克劳斯硫黄回收装置的特殊工艺要求,设计并实现该装置中反应炉和转化器、冷凝器、废热锅炉和再热炉负荷性能的模拟,并得到相应的负荷性能图,从而寻求最佳方案来完成设备的选型,并编制出反应炉和转化器、冷凝器、废热锅炉及再热炉的尺寸外形图程序,定量地描述各操作参数对装置运转情况的影响,改进操作,降低尾气硫含量,并对改建、扩建和新建装置提供一些参考意见,最终实现环境保护和硫黄回收的双赢。该程序也可对改建、扩建和新建装置提供一些参考意见,从而改进操作、降低尾气硫含量、大大地减少工厂的设计和操作成本。

3.5.4 化工过程强化方法上的支持——计算软件设备

设备计算软件为化工过程强化提供了方法上的支持,以规整填料塔计算机辅助设计计算软件为例,目前这类计算软件很多,但是都存在较多问题。另外,对于填料的适宜操作区还没有形象、直观的表示方法。而规整填料塔的负荷性能图及可行稳定域,则可以形象直观地表示出各种流体力学限制条件和填料的适用程度。

开发适用于各种规整填料的工艺计算方法,研究各种规整填料负荷性能图的流体力学限制条件的表示方法,并绘制在形式上与板式塔相类似的规整填料塔负荷性能图和可行稳定域,对目前国内外广泛应用的规整填料塔流体力学计算模型进行了搜集整理,用修改单纯形算法对一些流体力学经验图表进行了回归,提出了新的关联式模型。通过对规整填料塔设计和流体力学计算模型的筛选,提出了 1 套针对规整填料塔优化和设计的模型和方法,利用 Microsoft VB 6.0 语言开发了 1 套针对规整填料的简捷设计优化系统(Shortcut Design-optimizing System for Structured Packing,SDSSP),并建立了包含了苏尔寿公司、格里奇公司、诺顿公司等开发的 20 多种规整填料的计算数据库,利用该软件可以实现规整填料塔负荷性能图的自动绘制与输出。

SDSSP 软件结构合理,模型可靠,可用作设计方案评价,也可准确、快速地预测各种新型规整填料的初始设计值和流体力学性质;通过负荷性能图的绘制对填料操作的合适范围有定量、形象、直观的表示,是解决旧塔改造、扩大生产能力、研究应用各种内构件等的有力工具。

3.6   过程强化的本质安全

过程强化是开发本质安全化工过程和工厂的一个重要策略。通过减少有害物质的存量或过程中的能量,有害物质或能量失控引起的可能后果就会减少。工厂的安全是基于减少可能损害的大小,而不是依赖于附加的安全方法,如联动装置、规程和事故后果减缓系统。虽然安全装置可以设计得高度可靠,但是没有安全装置是完美的,都存在一个有限的故障概率。如果化工厂包含大量的有害物质或能量,附加的安全装置发生故障引起的后果可能是巨大的。体积小的装置或工厂更安全,因为体积小会减少引起损害的内在能力,而不是通过附加的安全装置来控制引起损害的内在能力。

3.6.1 过程安全的保护层

化工过程的安全有赖于多个保护层来保护人、环境和财产免于过程相关的危害。过程设计人员认为,设备会发生故障,操作人会犯错误。虽然可以设计出更可靠的设备,训练并激发人减少错误,但是无法完全消除这些设备和人为错误。因此,提供多个保护层在深度上进行防护,减小风险是非常重要的。即便如此,总还是会有所有保护层同时失效的时候,尽管这种概率很小,但这时往往就会发生事故。同时,保护层的效果取决于当前设备的维护,人员的培训和绩效以及管理系统。如果这些系统性能变差,保护层的可靠性就会降低,风险将会增加。美国化工过程安全中心(CCPS)曾出版了一本书,详细描述了保护层概念,并将其拓展成为定量风险管理技术,即保护层分析(LOPA)。

如果可能事故的规模很大,人们面对可能发生的残留的风险可能永远不会感到舒服,即使这种风险非常小而且具备维护保护系统良好有效运行的管理系统。通过减少可能事故的规模,本质安全设计认为设备、人和管理系统出现故障是必然的,基于减少过程的内在的危害来考虑过程的安全性。本质安全设计减少了过程所需的保护层,如果事故可能的后果严重性可以尽量地减少,则它可以完全地消除保护层。

①本质的策略:本质的消除或减少危害,采用危害较小或无危害的材料。

②被动的策略:被动的控制危害或使危害最小化,采用减少事故频率或后果的设计特征,而没有任何安全装置的积极作用。

③主动的策略:主动地控制或缓和事故,采用控制、安全联锁或紧急停车系统来监测危害状况,采取适当动作使得工厂处于安全状态。

④程序的策略:程序的使用操作规程、行政检查、紧急响应以及其他管理系统来防止事故,为操作人员及时监测事故使装置处于安全状态,减少事故带来的损失。

3.6.2　过程强化的本质安全策略

1)更小更安全原则

减小化工过程设备的尺寸可以从两个方面提高安全性。如果设备较小,当设备泄漏或破裂时释放出的有害物质的数量显然更少。此外,如果设备较小,设备中包含的势能也较小。势能有多种形式,比如高温、高压或来自反应性化学品混合物的反应热。如果这种势能以不可控制的方式释放,诸如火灾、爆炸或设备内物质的泄漏等事故将会发生。

显然,如果设备可以变得很小,物质或能量的不可释放所造成的可能的损失将会减小。设备较小还会带来另外一个好处——通过设备减弱或控制事故后果将会更可行。例如,将一个小的反应器完全套封在一个防爆结构中是可行的。但对一个大反应器来说,这样做可能就不行了,因为防爆结构将会非常大。封装也要足够结实,因为其将要承受来自于较大反应器的可能的更大爆炸。

2)传统的库存最小化方法

对化工厂而言,在过程技术没有根本改变的情况下,可以有很多方法来实现有害物质库存量的最小化。1984 年印度 Bhopal 事故释放的异氰酸甲酯,造成了约 2 000 人死亡和数万人受伤的事故,这是迄今为止化学工业历史上最为严重的事故。在 Bhopal 事故后,许多化学品公司都重新审视其装置运转情况,以找到减小有害易燃物料库存量的方法。通过这种努力,许多可以明显减少库存量的方法见诸报道,并且相对较快地实现库存减少。显然,在短时间内这些公司并没有采用新技术重建工厂或在现有工厂基础上对过程设备作出更本质的改变。那么,世界范围内的工厂是如何减少有害物质的库存量的呢? 他们仔细评估了现有的设备和操作,找到了一些操作上的变化,使得现有工厂可以在更少的有害物料库存量的情况下操作。

Bhopal 的悲剧使得具有创造性的工程师将目光集中到如何减少有害物质库存量上,他们很快找到了在现有工厂和技术的条件下实现这一目标的方法。

3.6.3 过程强化对被动和主动保护层的益处

虽然较小的过程可能无法完全消除某种危害,但其通常也有一个好处,即可以使有效的被动层更可行、更合算。这样,用来防止有毒气体逃逸的被动保护装置,如防护堤、防爆壳和安全壳将会更小。主动安全装置,如防爆膜、火炬和净化器的尺寸将会减小。较小的过程设备对其他常见的安全连锁动作反应也会更迅速。下面举例说明过程强化在其他安全方面带来的好处。

不稳定的物质,如爆炸物,有时候是在远程控制中生产,采用防爆壳或防爆仓进行保护。在这种情况下,如果发生爆炸过程设备可能会被严重损坏或摧毁,但是不会有人员受伤,环境和其他财产也会得到保护。这就是被动安全装置——防爆壳无须任何装置或人的动作即可发挥其功能。虽然对小型的装置来说,这种类型的防爆壳是可行的,但是对大型装置来说成本可能会非常昂贵。显然,较大的装置需要较大的安全防护结构。然而,密封壳也需更大的强度,因为大型容器可能爆炸的破坏作用会更大。

3.7 化工本质安全与化工过程强化间相互联系

安全事故是化工过程开发和化工厂设计、操作不可分割的一部分。虽然在工厂设计或操作中可以加入风险管理和安全装置,但通过开发本质安全过程可以使安全性得到最有利和可靠的保证。

安全策略可以分为本质的、被动的、主动的和程序的 4 种类型。本质和被动的策略通常与基本的过程技术和工厂设计相关,几乎总是在设计生命周期的早期实施。这些策略着眼于消除危害或减小危害的程度,而不是管理危害。过程强化是本质安全化工过程开发的一个重要方法,因为它可以减少过程中有害物质的存料量,从而减少内在风险。

主动和程序的策略通常也是化工过程风险管理项目的一部分——因为消除所有危害通常是不可能的。过程强化也可以使主动和程序的安全装置更有效、更经济。安全装置可以更小,成本更低。利用安全装置来保护小型装置是可行的,但对于大型装置就不现实了。小型装置的响应时间较短,这样可以有效地自动或手动干预以检测到早期的问题,并采取措施防止形成严重的事故。化工过程安全不能脱离其他的过程和工厂设计的准则而孤立地看待。化工厂必须满足许多要求,即工人的需求(安全、长期健康、就业和薪水)、所有者的需求(操作费用、资本投资、利润)、消费者的需求(产品质量、供应的可靠性、成本)、周边人的需求(安全、健康、环境影响、经济影响)、政府的需求(遵守法律法规)。所有这些都是重要的,而且可能是相互冲突的。化工厂设计者必须选择最优的设计考虑所有的利益相关者。过程强化是实现化工处理和制造相关的危害最小化的一个重要方法,也是将来安全、环境友好且具有竞争力的化工厂设计中的一个重要因素。

思考与习题三

一、简答题

1.本质安全化的化工过程设计策略有哪些?

2.化工过程的多稳态特征的含义是什么? 如何对稳定性进行量化表征?

3.石油化工装置本质安全设计原则有哪些?

4.化工过程强化的概念是什么? 简述化工过程强化与化工本质安全之间的关系。

二、判断题

1.自 20 世纪 50 年代本质安全理论诞生以来,大致经历了经验、制度和预控 3 个阶段。

( )

2.本质安全化通则包括:最小化、替换、缓和、限制影响、简化、容错。 ( )

3.本质安全化的化工过程设计策略只有可行性分析、工程设计和工艺探索。 ( )

4.化工过程强化,即通过技术创新,改进工艺流程,提高设备效率,使工厂布局更紧凑,单位能耗更低,三废更少。 ( )

第 **4** 章
化工设备安全技术

4.1 化工设备概述

化工设备(Chemical Equipment)是化工机械(Chemical Machinery)的一部分。化工机械包括两部分,其一是化工机器,主要是指诸如流体输送的风机、压缩机、各种泵等设备。其二是化工设备,主要是指部件是静止的机械,诸如塔器等分离设备,容器、反应器设备等,有时也称为非标准设备。化工机械与其他机械的划分不是很严格,例如一些用于化工过程的机泵,也是其他工业部门采用的通用设备。同样在化工过程中化工机器和化工设备间也没有严格的区分。例如一些反应器也常常装有运动的机器。

包括化工设备在内的所有化工机械都是化学工厂中实现化工生产所采用的工具。化工产品生产过程的正常运转,产品质量和产量的控制和保证,离不开各种化工设备的适应和正常运转。化工设备的选配必须通过对整个化工生产过程的详细计算、设计、加工、制造和选配,要适应化工生产所需。

4.1.1 化工设备的特点和分类

整套化工生产装置是由化工设备、化工机器以及其他诸如化工仪表、化工管路与阀门等组成,为保证整套装置的安全稳定可靠生产,要求化工设备具有以下性能:

①要与生产装置的原料、产品、中间产品等所处理物料性能、数量、工艺特点、生产规模等相适应。

②一套生产装置,无论连续或间歇生产,都是由多种多台设备组成,因此要求化工设备彼此及与其他设备之间,设备和管道、阀门、仪器、仪表、电器电路等之间要有可靠的协同性和适配性。

③要求化工设备对正常的温度、压力、流量、物料腐蚀性能等操作条件,在结构材质和强度上要有足够的密封性能和机械强度。对可能出现的不正常,甚至可能出现的极端条件要有足够的经受和防范、应急和处置能力。

④无论是连续或间歇化工生产装置都需要长期进行操作使用。因此要考虑化工设备磨

损、腐蚀等因素,要保证有足够长的正常使用寿命。

⑤在满足上述条件的同时要优化化工设备的材质、选型、制造费用、效率和能耗,尽量达到最低。

⑥大部分结构和性能的化工设备具有通用性,适用于诸如炼油、轻工、食品等工业部门。

化工设备种类繁多,分类具有多种方式,例如按结构材质分,可分为碳钢设备、不锈钢设备、非金属设备。按承受压力可分为高压设备、中压设备、真空设备和常压设备等。现按使用功能粗分如下:

①化工容器类:有槽、罐、釜等。

②分离塔器类:有填料塔、浮阀塔、泡罩塔、转盘塔等。

③反应器:有管式反应器、流态化反应器、搅拌釜反应器等。

④换热器:有列管式换热器、板式换热器、蛇管换热器等。

⑤加热炉:有电加热炉、管式裂解炉、废热锅炉等。

⑥结晶设备:有溶液结晶器、熔融结晶器等。

⑦其他各种专用化工设备等。

化工设备的生产制造必须符合以下要求:

①与工艺等设计一起进行严格的计算和设计。

②必须由具有资质的厂家生产制造。

③要有正常操作、使用、维护、保养规范。

④要有正常的按规范要求进行验收、检查、检验、维护、维修、保养。

4.1.2　化工安全管理的重要性

随着生产的不断发展,化工企业在促进我国国民经济发展方面发挥了重要作用,化工产品被应用于人们生产生活的各个方面。但化工生产过程中存在着诸多的危险性因素,对化工安全生产产生了极大的威胁,主要危险因素有:

①化工企业易燃、易爆、有腐蚀性、有毒的物质多。

②化工生产高温、高压设备多。

③化工生产废气、废渣、废液多,污染严重。

④化工生产工艺复杂,不允许操作失误。

这些危险因素导致安全事故的发生,严重威胁了人民群众的生命安全和财产安全,也一定程度地影响了社会主义和谐社会的建设。因此,化工企业要全面实施化工安全管理,减少以及避免化工安全事故的发生。因而,化工企业安全管理的重要作用得到了突显,化工企业必须对员工进行安全生产管理,提高其安全生产的意识与技能,从源头上减少以及避免安全事故的发生。

①化工安全管理是顺应现代化生产的基本要求。现代生产在科学发展观的指导下进行,科学发展观的核心是“以人为本”,化工企业更是要践行“以人为本”的理念,做好化工安全管理,促进安全生产。抓好化工安全管理可以培养企业员工的安全生产意识,提高安全生产的技能,使得人民群众的生命安全和财产安全得到有力的保障,符合现代化生产的要求,对建设社会主义和谐社会、落实科学发展观具有积极意义。

②化工安全管理对促进化工企业的经济发展具有主观能动性。化工安全管理是推动生产

发展的主要力量,所以,现代企业生产发展重视人才的培养,化工企业更是如此。化工企业在生产过程中开展安全管理工作,培养精通安全生产知识与技能的人才,对于保障安全开展生产的各项工作以及化工企业的安全有着重要的作用。化工企业进行安全管理,培养保障安全的人才,可以降低企业生产的风险,控制风险成本,一定程度上提高了企业的综合竞争力,促进了化工企业的经济全面发展。

4.1.3 化学工业对化工设备安全要求

近代化工设备的设计和制造除了依赖机械工程和材料工程的发展外,还与化学工艺和化学工程的发展紧密相关。化工产品的质量、产量和成本很大程度上取决于化工设备的完善程度,而化工设备本身的特点必须能适应化工过程中经常会遇到的高温、高压、高真空、超低压、易燃、易爆以及强腐蚀性等特殊条件。

近代化学工业要求化工设备具有以下特点:

①具有连续运转的安全可靠性。

②在一定操作条件下(如温度、压力等)具有足够的机械强度。

③具有优良的耐腐蚀性能。

④密封性好。

⑤高效率和低能耗。

4.2 化工设备故障和故障特性

4.2.1 设备故障

设备故障,简单地说是一台装置(或其零部件)丧失了它应达到的设计功能。另一方面需要指出的是,传统的故障观念仅认为零部件的损坏是故障的根源。这种看法只适于简单机械,现代许多机械设备增加了控制部分(即信息及其执行系统,如自动控制阀门),形成了"人—机整体",有些时候,设备的零部件完好无损,但也会发生故障,因此,故障观念也从微观发展到宏观。宏观故障观念认为,现代设备的故障源有零部件缺陷、零(元)件间的配合不协调、信息指令故障、人员误操作、输入异常(原材料、能源、电、汽、工质不合格等)和工作环境劣化等几大因素。

4.2.2 化工设备的故障特性

由于不同的故障源因素,设备的实际故障(尤其是疑难故障)往往带有随机性和隐蔽性的特征。

1) 随机性

整台设备故障发生的随机性来源于设备部件故障的随机性、各零部件故障组合的随机性、材质和制造工艺的离散性、运行环境与工况的随机性以及维修状况的随机性。材质和制造工艺的优劣决定了部件对故障发生的影响程度,所以其离散性必然导致故障发生时刻和程度的随机性。运行环境与工况的随机性,即使完全相同的设备,其故障频率和使用寿命也会因承受的破坏因素强度不同而出现很大差异。

2）隐蔽性

故障在时间上的演变是由潜伏期、发展期至破坏期，有一个从隐蔽到暴露的过程，最终被人们所觉察，但其初始原因往往难以发现。故障在空间上的蔓延也是由局部到整体，到了事故发生后，人们往往忽略故障发生的根本原因。故障始发端在时间和空间上的隐蔽性给故障分析造成了很大困难，于是人们提出了故障寻因的阶段性问题和故障定位的层次性问题。化工设备故障还可以分为可以预防和不可预防两大类。若生产中可预防故障多，则说明设备的预防、维修、检修工作没有到位；若不可预防故障多，说明设备本身的可靠性差，设备设计存在基本问题。我们控制和降低设备的故障，主要从提高预防维修能力、增强设计制造水平，使设备满足设计可靠性两方面同时入手。

4.2.3　化工设备故障发生规律分析

随着时间的变化，任何设备从安装、投入使用到退役，其故障发生变化也遵循一定的规律。设备故障率随时间推移的变化规律称为设备的典型故障率曲线，如图 4.1 所示设备的典型故障率曲线，该曲线通常也被称为浴盆曲线。通过该曲线可以看出设备的故障率随时间的变化大致分为 3 个阶段：早期故障期、偶发故障期和耗损故障期。

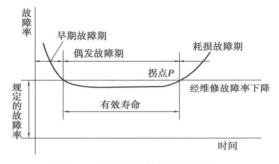

图 4.1　设备的典型故障率曲线

1）早期故障期

化工设备最初投入运行后，虽已经过技术鉴定和验收，但初期故障总是不同程度地反映出来，少则一个月，多则几个月，甚至一年。此阶段主要是设备安装调试过程至移交生产试用阶段。设备早期故障主要是由设计、制造上的缺陷，包装、运输中的损伤，安装不到位、使用工人操作不习惯或尚未全部熟练掌握其性能等原因所造成的。在实际生产中由于设计阶段设备布局不合理，可能导致设备有形磨损的加快发展而造成设备故障；与设备管嘴相连的管道布局不合理，造成加载在设备管嘴上的应力过大，致使设备产生疲劳破坏；有些时候因工艺布置上的问题使设备的工作性能和环境发生变化，也可导致设备严重损坏。

2）偶发故障期

经过第一阶段的调试、试用后，设备的各部分机件进入正常磨损阶段，操作人员逐步掌握了设备的性能、原理和机构调整的特点。设备进入偶发故障期。在此期间故障率大致处于稳定状态，趋于定值，故障的发生是随机的。在偶发故障期内，设备的故障率最低，而且稳定。因而可以说，这是设备的最佳状态期或正常工作期，这个区段称为有效寿命。偶发故障期的故障，一般是由于设备使用不当与维修不力，工作条件（负荷、环境等）变化，或者由于材料缺陷、控制失灵、结构不合理等设计、制造上存在的问题所致。生产过程中，此阶段的故障多发生在易损件或该换而未及时更换的零部件上，因每台设备所有静、动零部件密封、轴承等磨损件都具有使用周期和寿命，运行中期的设备已逐步接近此项指标。经过停车检修而更换零部件之后，新换零件与现有部件不配套、不稳合、尚处在磨合期，或发生装配错误，也会导致设备故障，甚至带病运行；一味追求高产，长时间超负荷、超温、超压临界状态下工作，也是导致设备出故障的原因之一,有时还酿成设备事故。设备运行初期不易暴露的设备缺陷,经过一段时间运行后,有可能在运行中期暴露出来。

3)耗损故障期

化工生产设备的运转后期进入了故障多发期,此阶段被称为耗损故障期。一方面各零部件因磨损、更换、检修、腐蚀逐步加剧而丧失机能;另一方面长期处于运行状态下的设备,各部位间隙和损耗,即使是不常维修的零件,也因老化和疲劳而降低运行效率,使设备故障率逐渐上升。这说明设备的一些零部件已到了使用寿命期,应采用不同的维修方式来阻止故障率的上升,延长设备的使用寿命,如在拐点 P 即耗损故障期开始处进行大修,可经济而有效地降低故障率。如果继续使用,就可能造成设备事故。

4.3　设备监测与故障诊断技术

设备监测与故障诊断技术是在不停机的情况下,监测设备运行是否正常,如异常,则分析诊断异常的原因、部位、严重程度,预测其未来发展趋势,并提出针对性的操作和维修建议。它包括机电装备的运行状态和工况监测、故障诊断、状态预测、维修决策、操作优化、指导改进机器及其设计等内容,是逐步改进设备维修方式,从事后维修和定时维修制度过渡到状态维修和预知维修制度的技术基础,已日益成为石化、冶金、电力等流程工业降低生产成本的重要手段。

故障诊断技术,可以在工作环境中,根据设备在运行中产生不同的信息去判断设备是在正常工作还是出现了异常,并根据设备给出的信息去判断产生故障的部位及故障产生的主要原因,同时可以做到预测设备的状态,简单来说,故障诊断技术的核心就是对设备状态的检测。故障诊断技术在对设备进行诊断时可大概分为:检测机械设备运行时的状态信息;从状态中分析设备是否正常;最后通过分析出的结果判断故障类型。在故障的判断上首先可以先从故障事件中的原故障进行诊断,主要就是因为机械使用后不保养、不检测,不能有效地减少由故障带来的损失。其次在对故障的预防上,可以根据多年的工作经验总结出机械设备使用的注意事项,让新技工也可以做到有效的预防机械故障。最后在故障的分析上,要仔细认真地收集设备给出的信息,及时解决设备产生的故障。

现在,机械设备的状态监测与故障诊断技术的发展,在各个领域中的广泛应用,以及在问题的诊断与解决上都已经有了多种的方法。但尽管这样,故障诊断技术不管是在理论知识上还是在技术的研究上,都有一定的发展空间。新技术的发展,不仅要快也要尽可能地达到完美,不但要在应用中达到范围要求,也要在内容上更加丰富,使状态检测与故障保障可以结合得更紧密。

4.3.1　监测诊断系统的方式

1)离线监测与诊断系统

设备监测技术人员运用监测仪器设备,定期或不定期到设备现场采集设备运行状态信息,然后进行数据分析和处理。这类系统投资相对较低,且使用方便,适合于一般设备的监测诊断。但由于是非连续监测,难以及时避免突发性设备事故。

2) 在线监测、离线诊断系统

在设备上安装多个传感器,连续地采集设备运行状态信息,特别是设备状态出现异常时,应用"黑匣子"功能及时存储故障数据,再进行数据分析和诊断。因此这种方式不丢失设备有用的故障信息。但是,对故障的分析和判断需要较专业技术人员才能完成。

3) 在线监测与自动诊断系统

系统能够自动实现在线监测设备工作状况,在线进行数据处理和分析判断,并根据专家经验和有关诊断准则进行智能化的比较和判别,及时进行故障识别和预报。这种系统不需要专门的测试人员,也不需要很专业的诊断技术人员进行分析和诊断。但这类系统研制的技术含量高,特别是专家诊断经验的积累和验证具有相当的难度。

4.3.2　设备监测诊断技术

设备故障诊断学是融合了多种学科理论与方法的新兴的综合性学科,是数学、物理学、力学、化学、传感器及测试技术、电子学、信号处理、模式识别理论、计算机技术及人工智能、专家系统等学科的综合应用。当前故障诊断学主要集中在如下 4 个方面。

1) 故障机理的研究

故障机理,又称为故障机制、故障物理。其主要是为了揭示故障的形成和发展规律。故障机理的研究包括了宏观研究、表面层状态变化研究和微观研究 3 个不同角度、不同层次上的研究。故障的发生、发展机制是外部因素和内在条件的综合作用的结果。内在因素指的是元件或配合构件在运行过程中,所发生的各种自然现象,如磨损、腐蚀、应力变化等,导致成为自身耗损的因素。外部因素包括环境方面和使用方面的两大因素,环境因素主要有周围磨料的作用、气候状况、生物介质的作用和腐蚀作用等,使用因素主要有载荷状况、操作人员状况,以及使用、维护与管理的水平。对故障机理的研究目前主要是通过构建系统的物理仿真模型再加实验验证的方法来揭示故障的成因和发展规律。

2) 信号处理与特征提取方法的研究

信号处理与特征提取是故障诊断的关键环节,直接关系到故障诊断结果的准确性。信号处理的研究主要包括了对信号的消噪、滤波以及对各类信号的分离等,特征提取的研究内容包括提出新的描述信号特性的表征方法,通过获取信号各种特征来展现事物发展的内在规律,进行趋势预测和状态评估等。最新的一些研究成果主要有短时傅里叶变换、经验模态分解、基于人工神经网络的自适应数字滤波、小波分析、全息谱。随着非线性科学的迅速发展,近年来,分形与混沌、高阶统计量以及高阶谱分析等非线性方法不同程度地解决了传统方法的一些不足,运用非线性理论来进行信号处理与特征提取方法的研究,已成为设备故障诊断领域中重要的前沿课题。

3) 智能诊断方法和诊断策略的研究

诊断就是根据机器的特征来推断机器的状态。智能的故障诊断方法就是在传统的诊断方法的基础上,将人工智能的理论和方法用于故障诊断,对设备的运行状态进行判别的一种智能化的诊断方法。具体包括模糊逻辑、专家系统、神经网络、进化计算方法、基于贝叶斯决策判据以及基于线性与非线性判别函数的模式识别方法、基于概率统计的时序模型诊断方法、基于距离判据的故障诊断方法、基于可靠性分析和故障分析的诊断方法、灰色系统诊断方法、基于支持向量机的故障诊断方法、基于智能主体的故障诊断方法等。

4) 智能仪器与故障诊断体系结构的研究

设备故障诊断的实现离不开诊断仪器与诊断系统,因此,功能齐备、操作简便、诊断准确的各种分析仪器和在线监测与诊断系统的研制开发一直是研究重点。目前,对智能仪器的研究方面主要有将人工智能方法、微型计算机技术、无线网络技术、通信技术等与振动信号监测技术、声学监测技术、红外测温技术、油液分析技术、无损检测技术等相结合的便携式数据采集器、分析与诊断仪等。对在线监测与诊断系统的研究主要有基于分布式远程故障诊断体系结构的研究、基于分布式故障诊断体系结构的研究、基于多智能体的故障诊断系统的研究、基于SOAP/Web Service技术的分布式故障诊断系统、基于组态技术的故障诊断系统等。

4.3.3　设备监测与故障诊断技术的发展

随着科学技术的发展,单一参数阈值比较的机器监测方法正开始向全息化、智能化监测方法过渡,监测手段也从依靠人的感官、简单仪器向精密电子仪器以及以计算机为核心的监测系统发展。当前,大型回转机械的监测诊断呈现出下述特点。

①在监测系统结构上,以分布式监测代替集中监测、以网络化监测系统替代微机集中监测系统。监测系统网络化是计算机网络技术在机械监测中的具体应用,也是当代设备监测技术发展的必然趋势。

②在监测方式上,以实时的在线监测替代定期监测和巡回监测。目前,机械状态监测的方式主要有定期监测、巡回监测和实时在线监测3种。

③在监测的参数上,以多参数、大容量替代单参数监测。

④在软件设计上,以多任务系统,替代单任务系统。

⑤监测的内容从平稳运行监测向非平稳的状态监测发展。

⑥系统功能上由监测、诊断逐步向监测—诊断—预报—治理和管理一体化方向发展,诊断方法向智能化、快捷化、灵敏化方向发展,诊断方式向现场诊断与远程诊断相结合的方向发展。

⑦监测方法上,不再是单参数的阈值比较,取而代之的是基于信息集成、融合,信息分解、提纯等技术的监测方法。

总的说来,故障诊断技术正朝着诊断对象多样化、诊断技术多元化、故障诊断实时化、诊断方法智能化、诊断系统网络化、诊断系统数据库化和诊断技术实用化的方向发展。

经过近二十余年来的研究,目前对设备典型常见故障的诊断已有相当把握,已基本能满足生产的要求。但是对于疑难故障,要迅速对其故障原因和部位进行确诊,还存在一定的难度,其原因除信息不完备、故障机理不清等以外,最主要的原因是诊断人员专业技术水平有限,专家数量较少。此外,一些最新的行之有效的诊断分析方法不能很快得到推广应用,也是影响诊断准确率的因素之一。因此对关键机组实行网络远程诊断,充分发挥国内及行业内具有实力的知名诊断专家的知识和经验,加快新技术的推广应用,对于提高诊断准确率和快捷性具有十分重要的作用。

4.3.4　设备监测与故障诊断技术在化工设备维护中的应用

先进的状态检测和故障诊断技术可以实时监测设备运行情况,第一时间发现设备故障原因所在,有利于及时解决设备故障,加长设备正常运行时间,提高化工生产的连续性,进而提高企业的收益。若在石油化工设备运行中,出现故障后不及时解决维护,就可能导致化工设备停止运行,造成巨额经济损失。因此,对状态监测和故障诊断技术在石油化工生产中的应用进行研究具有很大的现实意义。开展状态监测工作的模式有以下 4 种。

1) 操作人员日常点检

为及时发现故障、处理故障,操作人员平常都会做一些基本覆盖所有设备的点检工作,点检项目多而简单。至于点检频率,视化工设备重要程度及已损坏程度而定。一般极重要的、容易发生故障的设备每小时都要检查 1 次,次要的设备可每隔 4 个小时检查 1 次,剩下的可以每隔 8 小时检查 1 次。点检前,先由技术人员确定点检项目,以卡片的形式呈现,将卡片放在规定位置。点检时,操作人员依据卡片,按照一定的规范进行操作,认真记录点检结果。技术人员可以事先编制好点检记录,点检周期也可以体现在记录中。

2) 设备包机人对于设备卫生方面的点检

对于包机人的点检,内容较为单一,一般就是设备的清洁工作,但是这个工作特别烦琐,一定要有耐心。

3) 车间设备技术员定期点检

车间设备技术人员做点检计划,确定点检周期时,要参考自己负责的设备的重要程度,重要的设备点检周期短,次要的设备点检周期长。点检周期一般一天到半年不等。另外,为了进行更加深入的点检,可以将点检与年度检修结合起来。因为在年度检修时,会把设备分解,可以测量出具体的磨损参数,为今后设备故障后的维修提供重要依据。

4) 维修车间的精密点检

专业维修人员一般在总公司,虽然分公司缺乏专业维修人员,但是分公司有很多的设备。因此,维修车间只能针对性地对特定设备进行点检。维修车间精密点检的范围为在生产车间日常点检中发现的有故障以及有故障征兆的化工设备。点检人员使用先进的工具、精密的仪器,致力于判断设备是否故障,并确定故障具体部位,便于故障的解决。点检大体有 3 种结果:

①设备无故障,可正常运行。

②设备有故障,但可暂时运行,这时应加大监测力度,择机检修。

③设备严重故障,需立即停车检修。

此外,维修车间应监测关键设备状态,便于第一时间发现故障征兆,奠定状态检修基础。

4.4　化工机械设备状态的诊断

化工机械设备在化工行业中的地位十分重要,并且现代的工业生产,其过程日趋向大型化、精细化和集成化的方向发展。一台正在运行着的化工设备,其整体实际上是一个极为复杂的系统。而当这个系统中的某个环节突然发生故障,如果不及时进行处理,那么就有可能引起整个运行系统的故障,并不断扩大,进而导致整个运行系统的重大事故的发生。因此,化工机械设备状态的诊断与分析已成为整个化工生产过程中极为关键的一环。

4.4.1　化工机械设备状态诊断的作用

状态诊断就是利用现有的已知信息去认识那些含有不可知信息的系统的主要特性、状态,并分析它的发展趋势,在深入分析的基础上,对化工机械设备状态进行诊断,并对可能发生的故障做早期的预报,然后对未来的发展进行预测,对要采取的行动进行决策。化工机械设备状态诊断与分析的主要作用具体可分为以下 5 点:

①从设备运行特征的信号中,快速提取对状态诊断有用的运行信息,从而确定检测设备的各项功能是否运行正常。

②根据运行设备的独有特征信号,进行故障内容的确定,并确定故障部位、形成程度和未来的发展趋势,进行深入的状态分析后作出执行操作的决策。

③对运行设备可能发生的机械故障,能够做出早期的预报,从而保障化工设备安全和可靠的运行,进而使化工设备发挥最大的效益。

④通过化工机械设备状态诊断与分析,能够评定化工设备的动态性能和前期的设备维修质量。

⑤对化工机械设备先前发生的设备故障进行及时、准确地状态检测,然后确定发生的原因,在分析基础上,快速决定进一步维修的措施。

4.4.2 化工机械设备状态诊断主要技术

化工机械设备状态的诊断是通过对运行设备的运行状态进行检测,并对出现的异常设备故障进行快速分析诊断,从而给设备维修提供支持,提高企业经济效益。具体分为以下 5 种:

1)电子及计算技术

电子及计算技术能够保障化工机械设备状态的安全可靠运行,使化工机械设备发挥最大的效益。利用一些专用的仪器设备对新的信号进行拾取和分析,并根据不同设备独有的特征信号确定化工机械设备的故障内容,进行分析后,确定化工机械设备状态的分析结论,并进一步得出化工机械设备的处理方法,根据设备故障的部位、状态程度和未来发展趋势,作出操作决策。

2)油液分析技术

机械零件失效的主要形式和原因有 3 种,即腐蚀、疲劳和磨损。而磨损失效约占机械零件失效故障的 50%,油液分析对机械零件磨损监测有较好的灵敏性和较高的有效性,所以,油液分析技术在化工机械设备状态监测和诊断中越来越重要。

3)温测技术

温度与机器运行状态有密切的关系。以温度为指标的测试技术,非常适合进行在线测量。在运用中,红外测温技术能够进行非接触式和远距离测试,所以现在运用越来越普遍,该技术在检测时可以直接读出测点温度的数值,因此,对设备利用温度进行诊断,可以快速见效。

4)声、振测试及其分析技术

对发生故障的设备,要能够及时和准确地确定发生的原因,机器设备运行状态的好坏与机器的振动有着很重要的联系。目前,声、振测试是评定维修质量和设备的动态性能最好的技术,也是状态诊断和状态监测技术中应用最普遍的技术,并且已经取得了比较好的应用效果。

5)无损检测技术

无损检测技术是独立的一种技术,如超声、射线、磁粉、着色渗透的表面裂纹的探伤,以及声发射探伤等技术。人们已越来越重视这些技术,用其对大型固定或运动装置进行监测和诊断。

4.4.3　化工机械设备状态诊断方法

1) 化工机械设备状态诊断的简易方法

简易诊断方法采用了便携式测振仪拾取信号,并直接由信号的参数或统计量组成指标,根据分析来判定设备是否正常。所以,简易诊断用在设备状态检测中,可作为再次精密诊断的基础。其方法简单易行、投资少、见效快,受到广泛的欢迎和重视。但是由于它的功能有限,同时受到简易诊断方法原理一定程度的制约,所以只能解决状态识别的初步问题,对于复杂情况的识别就不能很好地进行了,这种方法是具有一定的局限性的,但是目前处在推广应用的初级阶段,随着下一步计算机技术的快速进展,在功能上便携式测振仪也有了很大发展。简易诊断方法逐渐具有非常普遍的现实使用价值。

2) 齿轮故障诊断方法

虽然现代机械设备多种多样,但齿轮传动有着结构紧凑、使用效率高、使用的寿命长的优点。并且其工作具有可靠、维修方便的特点,所以在运动、动力传递、速度变更等方面得到了广泛的应用。但由于它特有的运行方式,也造成了两个突出的问题:

①噪声和振动较其他的传递方式大。

②当材质、制造工艺、装配、热处理等各个环节没达到理想的运行状态时,就会成为重要的诱发机器故障的因素。

因此,齿轮运行状态的诊断较为复杂。

4.5　化工设备腐蚀与防护

金属腐蚀无处不在,由于化工介质的腐蚀性,化工设备的腐蚀最为常见。金属腐蚀不仅浪费资源,而且会引起生产事故,造成人身伤亡。

材料腐蚀指的是材料和材料性质在周围环境介质的化学、电化学和物理作用下发生破坏、变质或恶化的现象。金属腐蚀通常定义为:金属与周围环境(或介质)之间发生化学或电化学作用而引起的破坏或变质。从热力学上来看,除少数贵金属(如金、铂)外,各种金属都有转变为离子的趋势,所以,金属腐蚀是自发进行的冶金的逆过程,绝大多数金属在使用环境中都会遭受不同程度的腐蚀,腐蚀给人类带来了巨大的经济损失和社会危害。据统计,每年由于腐蚀而报废的金属设备和材料相当于金属年产量的三分之一,其中约有三分之一的金属材料因锈蚀粉化而无法回收。由此可见,金属腐蚀对自然资源的浪费是极大的。工业发达国家每年由于腐蚀造成的经济损失占国民经济生产总值的 2%~4%。腐蚀损失对我国国民经济的影响非常严重,因此,进一步探讨金属的腐蚀问题,意义重大。

4.5.1　化工设备腐蚀分类

1) 根据腐蚀程度进行划分

(1) 全部腐蚀

全部腐蚀是指腐蚀的程度很高,但是其危害相对较小,是在金属与具有腐蚀性的介质进行接触时,致使金属的整个表面或大面积产生均匀的腐蚀状态。一旦被腐蚀,金属的厚度会逐渐变薄,经过长时间的腐蚀后,该金属的承压能力会降低,致使管道与压力容器的安全性受到制约。在管道与压力容器中,全部腐蚀是最为常见的现象。全部腐蚀若呈现均匀的状态,其危害性相对较小,能够让工人提前感知,能够明确看到设备被腐蚀,员工会提高安全风险意识。

（2）局部腐蚀

局部腐蚀是指腐蚀现象主要发生在金属的一个区域,并未将整个金属面进行覆盖,其他区域可能会出现一定的腐蚀点或未腐蚀的情况。局部腐蚀的速度与全部腐蚀相比,其所蔓延的速度较快,具有突然性与突发性,平时很难发现,可能会导致更大的损失。通常情况下,局部腐蚀主要表现为冲蚀、缝隙性腐蚀、氢腐蚀等。

2）根据腐蚀原理进行划分

（1）化学腐蚀

化学腐蚀是金属与相应的介质发生了化学反应,并产生了新的化学物质,此过程被称之为化学腐蚀。需要注意的是化学腐蚀发生时,金属与介质发生反应中间没有电流或电荷产生。例如 Mg 在甲醇中发生腐蚀现象。同时,若化学设备的表面为非金属类材料,其在非电解质或电解质中都可发生化学腐蚀现象。

（2）电化学腐蚀

电化学腐蚀是金属与电解质溶液间发生反应,二者发生的反应为电化学反应,致使金属的本体受到严重的破坏。电化学腐蚀的产生,主要是阳极失电子、阴极得电子,进而会产生电子的流动,这是电化学腐蚀与化学腐蚀的主要区别。

4.5.2　金属腐蚀形态及腐蚀类型

金属的腐蚀形态是指金属材料腐蚀损伤后的表观形态,比如腐蚀坑和裂纹。即使金属的腐蚀机理相同,但若环境条件不同,其腐蚀形态也可能不同。腐蚀形态又称为金属腐蚀的破坏形式。

腐蚀形态是判断金属腐蚀类型的主要依据。金属腐蚀的破坏形式多种多样,一般而言,腐蚀都是从金属表面开始,而且伴随着腐蚀的进行,总会在金属表面留下一定的痕迹,即腐蚀的破坏形式。腐蚀形态与腐蚀类型存在着一一对应关系,根据金属腐蚀形态的特征可以判断出具体的腐蚀类型。实际腐蚀比较复杂,可能同时包括几种基本的腐蚀形态。扫描电镜可以直观的观察金属的腐蚀形貌,是腐蚀形态分析的重要手段。腐蚀形貌分析主要是观察蚀坑、裂纹和断口的特征。根据腐蚀形态判断腐蚀类型是腐蚀机理研究的重要步骤。

根据金属的腐蚀形态可以将金属腐蚀划分为不同的腐蚀类型,包括全面腐蚀和局部腐蚀两大类。全面腐蚀通常是均匀腐蚀,有时也表现为非均匀的腐蚀;局部腐蚀也包括若干腐蚀类型,如图 4.2 所示。

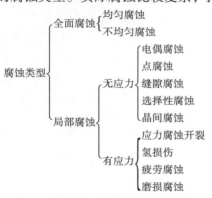

图 4.2　腐蚀类型

1) 全面腐蚀

全面腐蚀是指发生在整个金属表面上或连成一片的腐蚀。按照金属表面各部分腐蚀速率的相对大小,全面腐蚀又可分为均匀腐蚀和非均匀腐蚀。全面腐蚀可造成金属的大量损失,但其危害性并不大。根据全面腐蚀的特点,设备设计时留出一定的腐蚀余量可以减少全面腐蚀的破坏。

2) 点腐蚀

点腐蚀是指金属表面某一局部区域出现向深处发展的小孔,而其他部位不腐蚀或只有轻微的腐蚀。点腐蚀多发生在表面生成钝化膜的金属材料上或表面有阴极性镀层的金属上。此类金属对含有卤素离子的溶液特别敏感。腐蚀孔一旦形成,大阴极小阳极的腐蚀电池会加速蚀坑向纵深处发展。点腐蚀的绝对腐蚀量并不大,但发生事故的概率很高。

3) 缝隙腐蚀

缝隙腐蚀是指在金属与金属,或金属与非金属之间形成特别小的缝隙(一般在 0.025 ~ 0.1 mm),使缝隙内介质处于滞留状态,引起缝隙内发生腐蚀的金属腐蚀。由于工程中的缝隙大多数不能避免,所以缝隙腐蚀是一种很普遍的腐蚀现象。几乎所有的金属材料都会发生缝隙腐蚀,所有的腐蚀介质都可能引起金属的缝隙腐蚀。金属的抗缝隙腐蚀能力可用临界缝隙腐蚀温度评价。

4) 晶间腐蚀

晶间腐蚀是指金属材料在特定的介质中沿着材料的晶界产生的腐蚀。主要从表面开始,沿着晶界向内部发展,直至成为溃疡性腐蚀。晶间腐蚀的特点是金属表面无明显变化,但金属强度几乎完全丧失,失去清脆的金属声。通常用敲击金属材料的方法来检查。不锈钢、镍基合金、铅合金、镁合金等都是晶间腐蚀敏感性较高的材料。不同的材料在不同的介质中产生晶间腐蚀的机理不一样。最常见的是敏化态奥氏体不锈钢在氧化性或弱氧化性介质中发生的晶间腐蚀。

5) 应力腐蚀开裂

应力腐蚀开裂是指金属材料在拉应力和特定介质的共同作用下引起的腐蚀破裂。应力腐蚀开裂的特点是在金属局部区域出现从表及里的腐蚀裂纹,裂纹的形式有穿晶型、沿晶型和混合型 3 种。破裂口呈现脆性断裂的特征。其种类很多,如碳钢和低合金钢的碱脆、硝脆、氨脆、氯脆和硫化物。机理主要包括阳极溶解型和氢致开裂型,阳极溶解型又称为滑移溶解断裂机理。

4.5.3　金属电化学腐蚀

电化学腐蚀是指金属与周围介质发生化学或电化学反应而引起的一种破坏性侵蚀。例如铁和氧,因为铁表面的电极电位总比氧的电极电位低,所以铁是阳极,遭到腐蚀。电化学腐蚀主要分为下述 5 种。

1) 全面腐蚀

腐蚀分布在整个金属表面,可以是均匀的,也可以是不均匀的。如碳钢在强酸、强碱中发生的腐蚀属于均匀腐蚀。均匀腐蚀的危险性相对较小,因为人们若知道腐蚀速度和材料的使用寿命后,可以估算出材料的腐蚀容差,并在设计中将此因素考虑在内。

2）点腐蚀

点腐蚀是在材料表面,形成直径小于 1 mm 并向板厚方向发展的孔。介质发生泄漏,大多是点腐蚀造成的,通常其腐蚀深度大于其孔径。

3）晶间腐蚀

晶间腐蚀是沿着金属材料的晶界产生的选择性腐蚀,金属外观没有明显变化,但其机械性能已经大大降低了。例如,不锈钢贫铬区产生的晶间腐蚀,是由 $Cr_{23}C_6$ 等碳化物在晶界析出,使晶界近旁的铬含量降到百分之几以下,故这部分耐蚀性降低。铝合金、锌、锡、铝等,也存在由于在晶界处不纯物偏析,导致晶界溶解速度增加的情况。

4）电偶腐蚀

电偶腐蚀是具有不同电极电位的金属相互接触,并在一定的介质中所发生的电化学腐蚀。

5）磨损腐蚀

磨损腐蚀是腐蚀性流体和金属表面间的相对运动,引起金属的加速磨损和破坏。一般这种运动的速度很高,同时还包括机械磨耗和磨损作用。还有其他的局部腐蚀,如选择性腐蚀、缝隙腐蚀、磨损腐蚀等。

在工程实际中,防腐蚀主要措施如下所述。

1）电化学保护

电化学保护分为阴极保护法和阳极保护法。阴极保护法是最常用的保护方法,又分为外加电流和牺牲阳极。其原理是向被保护金属补充大量的电子,使其产生阴极极化,以消除局部的阳极溶解。适用于能导电的、易发生阴极极化且结构不太复杂的体系,广泛用于地下管道、港湾码头设施和海上平台等金属构件的防护。阳极保护法的原理是利用外加阳极极化电流使金属处于稳定的钝态。阳极保护法只适用于具有活化-钝化转变的金属在氧化性介质(如硫酸、有机酸)中的腐蚀防护。在含有吸附性卤素离子的介质环境中,阳极保护法是一种危险的保护方法,容易引起点蚀。在建筑工程中,地沟内的金属管道在进出建筑物处应与防雷电感应的接地装置相连,不仅可实现防雷保护,而且通过外加正极电源,还可实现阳极保护而防腐。

2）研制开发新的耐腐蚀材料

解决金属腐蚀问题最根本的出路是研制开发新的耐腐蚀材料如特种合金、新型陶瓷、复合材料等来取代易腐蚀的金属。制备方法差别较大,但其宗旨是改变金属内部结构,提高材料本身的耐蚀性,例如,在某些活性金属中掺入微量析氢过电位较低的钯、铂等,利用电偶腐蚀可以加速基体金属表面钝化,使合金耐蚀性增强。化工厂的反应罐、输液管道,用钛钢复合材料来替代不锈钢,使用寿命可大大延长。

3）缓蚀剂法

缓蚀剂法是向介质中添加少量能够降低腐蚀速率的物质以保护金属。其原理是改变易被腐蚀的金属表面状态或者起负催化剂的作用,使阳极(或阴极)反应的活化能力增高。由于使用方便、投资少、收效快,缓蚀剂防腐蚀已广泛用于石油、化工、钢铁、机械等行业,成为十分重要的腐蚀防护手段。

4）金属表面处理

金属表面处理是在金属接触环境使用之前先经表面预处理,用以提高材料的耐腐蚀能力。例如,钢铁部件先用钝化剂或成膜剂(铬酸盐、磷酸盐等)处理后,其表面生成了稳定、致密的钝化膜,抗蚀性能因而显著增加。

5) 金属表面覆盖层

金属表面覆盖层包含无机涂层和金属镀层,其目的是将金属基体与腐蚀介质隔离开,阻止去极化剂氧化金属的作用,达到防腐蚀效果。常见的非金属涂层有油漆、塑料、陶瓷、矿物性油脂等。搪瓷涂层因有极好的耐腐蚀性能而广泛用于石油化工、医药、仪器等工业部门和日常生活用品中。

4.5.4　化工设备腐蚀影响因素分析

不同腐蚀类型的影响因素是不完全一样的。按照影响因素的本质来说,影响金属腐蚀的因素可以分为 3 大类:金属物理、金属化学和金属力学。金属物理指的是材料的成分、组织等对腐蚀的影响。金属化学指的是引起金属腐蚀的化学因素,比如介质的成分、离子浓度、温度、流速等。金属力学指的是腐蚀金属所受到的力的作用,包括残余应力和工作应力。这些因素可以促使宏微观腐蚀电池的形成。了解各种因素的腐蚀规律和破坏程度,有利于科学地采取有效的防腐措施。实际操作中引起设备构件腐蚀失效的因素可以从以下 3 个大的方向进行考虑。

1) 介质因素

介质因素是金属腐蚀的外因。在进行腐蚀失效分析时,首先必须弄清产生腐蚀的环境介质条件,包括介质的组分、浓度、温度、流速、压力、导电性等物理、化学及电化学参数。不同介质、不同材料下,金属的腐蚀规律一般不同。

2) 材料因素

腐蚀过程是环境介质与金属材料表面或界面上发生化学或电化学反应的过程,因此金属材料是腐蚀过程的一个重要组成部分。材料因素是金属腐蚀的内因。材料缺陷是天然的腐蚀电池。腐蚀分析时,影响腐蚀行为的材料因素主要包括 4 类:

①金属材料的冶炼质量:主要指金属材料的化学成分、非金属夹杂物、浇注时的缩孔、偏析等现象以及冷却过程中可能产生的白点等缺陷。

②金属材料的加工质量:主要是指在轧制、锻造和挤压成型时,在加热过程中可能产生的氧化(过烧)、折叠、分层、带状组织和组织不均匀性等缺陷;在冷却过程中由于冷却速度过快可能产生的微裂纹以及焊接过程中出现的各种缺陷和热影响区的种种不利因素。

③热处理不当:主要是指热处理加热过程中可能产生的过热或过烧引起的晶粒粗大、脱碳、增碳;冷却、淬火过程中产生的淬裂、回火脆性和微观组织不合适以及不适当的敏化处理等导致的缺陷。

④材料的表面状态等因素:材料表面的粗糙度对腐蚀形貌和腐蚀速率产生一定的影响。

3) 设计因素

在设备的结构设计上应尽量避免应力集中、积液等不合理现象,设备选材上应考虑材料与环境的适宜性等。

综上可知,影响腐蚀失效的因素很多,关系复杂。在腐蚀失效分析过程中,只有全面考虑各方面的因素,才能准确地判断出腐蚀失效的主要原因。对于生产中的设备而言,影响其腐蚀速率的因素主要是介质因素,通过腐蚀行为分析,研究材料的腐蚀速率随介质因素的变化规律,对于正确地预测设备的腐蚀倾向具有重要意义。

4.5.5 现代化工设备的腐蚀防护技术应用

1）严格控制设备的构成材料

化工设备大都比较昂贵,且体积大,开展化工生产与加工对密封性要求高,否则由于密封性差而导致毒气或有害气体泄漏,会带来严重的危害。因此,为了提升化工设备使用的安全性,应严格控制设备的制作材料,对该设备所处的工作环境进行调查与分析,对该环境中可能导致设备被腐蚀的现象予以分析,选择合适的防腐材料,做到防止或减轻腐蚀的目的。材料的选择过程非常关键,在选材时必须及时了解材料的抗腐蚀性能、力学性能、物理性能等,利于保证设备的使用质量与年限,同时还能保证化工产品的安全性,进而提高经济效益。

2）强化对设备结构的控制

若想达到防护的效果,避免设备被腐蚀的情况,应强化对设备结构的有效控制,优化结构设计,前期必须具备防腐意识。例如,在结构设计部分,必须设置腐蚀的余量,要设置简单的结构模式,禁止残留物或液体被腐蚀,进而可有效避免缝隙的产生,降低腐蚀的发生概率。同时,在结构设计中,应避免发生冲蚀腐蚀现象,禁止出现应力集中的情况,强化对设备的有效防护,以增强其抗腐蚀性。

3）实施先进的表面处理技术

一般情况下,腐蚀发生都是由刚刚接触的表面所产生的,表面金属材料与相应的介质发生反应而造成腐蚀现象的发生,必须实施先进的表面处理技术,以达到设备防护的效果。表面技术的应用,应使用表面改性技术、涂层镀层技术来对表面进行规范性的处理,若设备外表面材料极易受到腐蚀,应对材料的性质予以改善,并让材料具备力学、化学和物理学性能,增强设备表面的硬度、高疲劳强度和抗腐蚀性,进而保证设备不会被腐蚀,延长设备的使用寿命。通过涂层保护的方式,能让设备的敏感性金属材料与外部介质隔离,通过涂层保护的方式进行隔绝,可大大增强设备的抗腐蚀性,进而保证设备的运行质量,保证化工产品的应用质量。在防腐工程施工时,涂层材料必须具有高度的抗腐蚀性,且基本材料具有很强的附着性,且表面要具有高度的均匀性,厚度一致,且整个外涂层表面要保持完整,且其孔隙要较小。工作人员应及时对设备所接触的腐蚀性环境予以了解,进而将各项要素与条件考虑其中,以达到良好的防腐效果。同时,还应对腐蚀环境下介质、pH 值、温度、压力和流速等因素予以全面考量,进而提高化学设备的抗腐蚀性能,降低化工企业由于腐蚀而产生的额外支出。

思考与习题四

一、简答题

1.危险化学品按国家标准规定分为哪几类?

2.储罐常见的安全附件有哪些?

3.什么叫压力容器?如何分类?

4.压力容器有哪些安全附件?有何作用?

5.锅炉运行中安全要点有哪些?

6.安全阀的作用是什么？

二、判断题

1.压力容器的工作压力是指容器顶部在正常操作时的压力。　　　　　　（　　）

2.压力容器的最高工作压力是指容器在工艺操作中可能产生的最大压力。（　　）

3.液氨是易燃易爆中度危害介质。　　　　　　　　　　　　　　　　　（　　）

4.易燃易爆场所禁止使用撞击易产生火花的工具。　　　　　　　　　　（　　）

5.压力表的最大量程最好选用设计压力的 2 倍。　　　　　　　　　　　（　　）

6.在线检测时,必须进行壁厚测定。　　　　　　　　　　　　　　　　　（　　）

7.压力管道由管道组成件和管道支撑件组成。　　　　　　　　　　　　（　　）

8.保温材料及其制品的允许使用温度应低于设备和管道的设计温度。　　（　　）

9.强碱是强腐蚀性介质。　　　　　　　　　　　　　　　　　　　　　（　　）

10.爆炸极限是在标准条件下测试出来的数据,是固定数据。　　　　　　（　　）

第5章
化工安全预测

数值模拟也称计算机模拟,依靠电子计算机,结合有限元或有限容积的概念,通过数值计算和图像显示的方法,达到对工程问题和物理问题乃至自然界各类问题研究的目的。基于数学模型的模拟方法,不但可以用于事后对化工安全事故过程的在线分析,而且可以对一些潜在的危险源进行预测。同时,可以提升基于大数据的安全生产能力,加强安全生产周期性、关联性等特征分析,做到查询及时便捷、归纳分析系统科学,实现来源可查、去向可追、责任可究、规律可循。从而,为重大安全事故的安全进行预测,减少财产损失和人员伤亡。

5.1 化工安全的 CFD 预测

1910—1917 年,英国气象学家 L. F. Richardson 通过用有限差分法迭代求解 Laplace 方程的方法来计算圆柱绕流和大气流动,试图以此来预报天气。尽管他的方法失败了,但现在国际上一般认为,他的工作标志着计算流体力学(CFD)的诞生。CFD 英语全称 Computational Fluid Dynamics,即计算流体动力学,是流体力学的一个分支。CFD 是近代流体力学、数值数学和计算机科学结合的产物,是一门具有强大生命力的边缘科学。其以电子计算机为工具,应用各种离散化的数学方法,对流体力学的各类问题进行数值实验、计算机模拟和分析研究,以解决各种实际问题。

5.1.1 CFD 在化学工程中的应用

1)搅拌槽反应器

搅拌槽由于其内部流动的复杂性,搅拌混合目前尚未形成完善的理论体系,对搅拌槽等混合设备的放大设计,经验成分往往多于理论计算。在工业生产中,特别是快速反应体系或高黏度非牛顿物系,工业规模的反应器存在不同程度的非均匀性,随着规模的增大,这种不均匀性更加严重,经验放大设计方法的可靠性受到前所未有的挑战,因此对搅拌槽内部流场有必要进行更深入的研究。自从 Harvey 等用计算机对搅拌槽内的流场进行二维模拟以来,近年来利用 CFD 的方法研究搅拌槽内的流场发展很快,利用这种方法不仅可以节省大量的研究经费,而且还可以获得通过实验手段所不能得到的数据。Kaminoyamag M 等对不同桨型搅拌反应器进行了研究,并对槽壁处的局部表面传热系数进行了数值模拟,结果发现计算过程中的区域限制在反应器壁周围的温度的边界层内。Iranshahi A 等采用数值计算方法模拟了双螺带搅拌桨、锚式搅拌桨及 Ekato Paravisc 搅拌桨在非牛顿流体体系中的流场结构,发现在非牛顿流体的模型中选用幂律方程可使 Metzner 常数与实验值相对误差在工程允许的范围之内。结合 CFD 软件 FLUENT,杨锋苓等模拟了自行研发并组装的摆动式搅拌反应器的流场结构,研究结果表明反应器内的流场为充分运动的湍流,并且他还发现摆动式搅拌为径向流搅拌。刘作华等采用 MRF 方法,结合 FLUENT 软件分别计算了刚柔组合搅拌桨和刚性搅拌桨的流场结构,对比发现,刚柔组合搅拌桨可以减少槽底附近的“死区”范围,有利于流体的充分混合。

2) 换热应器

换热设备在化学工程中被广泛使用,其详细、准确地预测壳程的流动、传热特性对设计经济和可靠的换热器以及评价现有管壳式换热器的性能对工业应用十分重要。针对管壳式换热器几何结构复杂,流动和传热的影响因素多等特点,运用 CFD 对管壳式换热器的壳侧流场进行计算机模拟,可以对其他方法难以掌握的壳侧瞬态的温度场和速度场有所了解,利于换热器的机理分析和结构优化。国内外学者对换热器内流体流动的 CFD 模拟进行了一些研究。熊智强等利用 CFD 技术对管壳式换热器弓形折流板附近流场进行了数值模拟,发现在弓形折流板背面,有部分区域的流速较低,一定程度上存在着流动死区,采用在弓形折流板上开孔的方法后,CFD 计算结果显示其传热效率提高 5.4%,壳侧压降减小 7.3%。邓斌等应用体积多孔度、表面渗透度和分布阻力方法建立了适用于准连续介质的 N-S 修正控制方程。用改进的 k-ε 模型考虑管束对湍流的产生和耗散的影响,用壁面函数法处理壳壁和折流板的壁面效应,对一管壳式换热器的壳侧湍流流动与换热进行了三维计算流体力学数值模拟,证明了该方法能更有效地模拟管壳式换热器壳侧的流动特性,压降实验数据和计算结果符合较好。夏永放等应用 CFD 和数值传热学方法,对间接蒸发冷却器内流体流动与热质交换过程三维数值模拟,采用交错网格离散化非线性控制方程组,编制了三维 SIMPLE 算法程序,计算出间接蒸发冷却器内的速度场、温度场及浓度场,分析内部流动状态和热力分布,计算所得压力梯度与实验测得的数据吻合得较好。管壳式换热器中流体流动一般为湍流,且实际应用的管壳式换热器中管的数量大,从而给计算增加了难度。目前关于管壳式换热器壳程流动大多数是采用二维或三维单相研究方法,而三维两相或多相的 CFD 模拟方面的工作还比较少。

3) 精馏塔

CFD 已成为研究精馏塔内气液两相流动和传质的重要工具,通过 CFD 模拟可获得塔内气液两相微观的流动状况。在板式塔板上的气液传质方面,Vitankar 等应用低雷诺数的 k-ε 模型对鼓泡塔反应器的持液量和速度分布进行了模拟,在塔气相负荷、塔径、塔高和气液系统的参数大范围变化的情况下,模拟结果和现实的数据能够较好地吻合。Vivek 等以欧拉-欧拉方法为基础,充分考虑了塔壁对塔内流体的影响,用 CFD 商用软件 FLUENT 模拟计算了矩形鼓泡塔内气液相的分散性能,以及气泡数量、大小和气相速度之间的关系,取得了很好的效果。Volker 等应用 k-ε 湍流模型,其中在动量方程中加入了表示气液相互作用的原相,用 CFD 商用软件 CFX 模拟了鼓泡塔内的气液两相的流动状况,结果显示液体在塔内的返混行为和气相速度有很大关系。Krishna 等以 k-ε 湍流模型为基础,应用 CFX 对不同操作状态下的鼓泡塔内的传质情况进行了研究,发现气泡在液相中分布情况(大小和数量)对气液两相的传质有很大的影响。在填料塔方面,Petre 等建立了一种用塔内典型微型单元(REU)的流体力学性质来预测整塔的流体力学性质的方法,对每一个单元用 FLUENT 进行了模拟计算,发现塔内的主要能量损失来自于填料塔内的流体喷溅和流体与塔壁之间的碰撞,且用此方法预测了整塔的压降。Larachi 等发现流体在 REU 的能量损失(包括流体在填料层与层之间碰撞、与填料壁的碰撞引起的能量损失等)以及流体返混现象是影响填料效率的主要因素,而它们都和填料的几何性质相关,因此用 CFD 模拟计算了单相流在几种形状不同的填料塔中流动产生的压降,为改进填料塔提供了理论依据。

4)燃烧反应器

CFD 也在各种燃烧系统中得到了广泛应用。CFD 可以模拟出燃烧过程中的各种状态参数,加深对燃烧器燃烧过程的理解,从而实现优化燃烧反应器,甚至可以控制污染物排放量。在煤粉锅炉燃烧方面,Belosevic 等以欧拉-拉格朗日方法为基础,选择 k-ε 模型对 210MW 切向燃烧煤粉炉炉内过程进行了三维 CFD 数值模拟,成功地预测了炉内燃烧过程的主要操作参数,预测到的火焰温度和燃烧程度能与实验数据较好地吻合,从而推动了 CFD 在燃烧中的应用。在多孔介质内燃烧方面,Sathe 等采用一维层流预混燃烧模型,用一步化学反应机理数值模拟了多孔介质辐射燃烧器内的火焰位置和燃气当量比、燃气流速之间的关系,研究了不同的多孔介质材料对燃烧效率和辐射通量的影响。在发展低污染燃烧技术燃烧器方面,冯良等利用 CFD 软件对浓淡式燃气燃烧器进行了燃烧模拟研究,形成温度场、各组分浓度场等状态参数,提出了设计 NO_x 燃气燃烧器的方法,达到了降低氮氧化物排放的目的。CFD 数值模拟还可以与化学反应机理相结合使用,以便更好地模拟燃烧反应。李国能等采用 CFD 与 CHEMKIN 相结合的方法,使用标准 k-ε 湍流模型和一个 17 组分、57 步复杂化学反应机理,模拟了 H_2S 在直径为 3 mm 的 Al_2O_3 圆球堆积成的多孔介质内的燃烧,模拟结果与实验数据基本吻合。燃烧过程中既有湍流混合,同时也进行燃烧反应,这给 CFD 模拟燃烧反应增加了困难。CFD 软件 FLUENT 中针对各类燃烧反应分别提供了不同的燃烧模型,以便精确地模拟燃烧反应过程。

5)生化反应器

CFD 也是生化反应器模拟研究的重要手段。生化反应器主要包括搅拌式生化反应器和气升式环流反应器,CFD 的应用可以获取反应器中的速度场、温度场、浓度场等详细的信息,对生化反应器的设计、放大、优化和混合传质的基础研究有重要意义。Lapin 等利用欧拉方法在生化反应器中对大量大肠杆菌的搅拌混合湍动进行了 CFD 数值模拟。通过大肠杆菌对谷氨酸的利用(即谷氨酸的浓度),可以知道搅拌生化反应器里的混合情况,CFD 数值模拟结果表明生化反应器顶部的谷氨酸的浓度达到最高,底部的谷氨酸的浓度几乎为零,说明生化反应器搅拌混合不够好,这与实验数据相一致。沈荣春等使用欧拉-欧拉方法对导流筒结构对气升式环流反应器内气液两相流动进行了数值模拟。模拟结果表明,导流筒上部增加喇叭口可有效提高反应器的气液分离能力,喇叭口直径增大,气液分离效果增强;导流筒直径增大,液相混合效果增强;随导流筒在反应器内的位置升高,液相表观速度和液相循环量呈增加的趋势并趋于稳定,而气含率则变化不大。

目前,应用 CFD 技术对搅拌反应器中单相流的模拟基本成熟,多相流的模拟也已经有很多方面的研究,但是模拟的结果还与实际结果有一定的偏差。

5.1.2　集气站高含硫天然气泄漏 CFD 预测

集气站场是天然气开发、集输系统中的重要环节,是连接上下游的枢纽。它的主要作用是收集气源,进行净化处理、压缩传输、计量等。集气站中的工作人员相对较为集中,站场内动、静设备众多,管汇密集,设备压力级别高,风险等级也相对较高,站场内一旦发生泄漏,后果不堪设想。有必要针对某气田典型站场开展仿真模型建立、泄漏模拟、气体扩散后果预测等研究。

文献表明若人员持续暴露于浓度超过 100 ppm 的硫化氢之中有可能造成严重伤害,本章研究的重点为硫化氢浓度在 100 ppm 以上区域。如图 5.1(a)所示,中间区域为该泄漏工况下泄漏 10 min 后硫化氢浓度 100 ppm 以上的区域,两边区域硫化氢浓度相对较小。故以该硫化氢浓度分布图轮廓为参考,确定 12 个重点监测点,如图 5.1(b)所示。

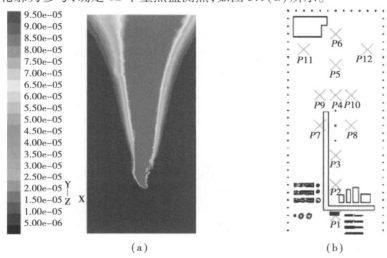

(a)　　　　　　　　　　　　(b)

图 5.1　泄漏 10 min 硫化氢浓度等值线图及据此选取的重点监测点
(a)等值线图;(b)12 个重点监测点

5.1.3　池火灾的 CFD 预测

在石油化工行业的各种事故灾害中,比较常见的是火灾事故,而其中池火灾事故最为典型。池火灾的直接影响面积与蒸气爆炸和气云爆炸相比较小,但其燃烧的火焰对设备的直接作用以及产生的热辐射对生产设备或储罐的影响都有可能引发二次事故,导致大面积的火灾爆炸事故发生。通过建立经验公式来描述池火灾的发生发展过程,对比数值模拟结果对池火灾的预防有很重要的意义。

1)油品选择

池火灾一般是指可燃液体泄漏或者易熔可燃固体熔融后遇到点火源成为固定形状或者不定形状的液池火灾,其对周围环境的主要伤害为热辐射作用。池火灾燃烧时,燃料在燃烧前气化,受浮力控制形成湍流扩散燃烧。火焰包含许多碳微粒,持续氧化会产生高辐射能量,火焰辐射能力取决于火焰中碳粒子浓度和烟气释放量。根据池火灾燃烧特性,石油化工行业发生池火灾的介质一般是可燃液体,其中液化烃泄漏引起的火灾,在我国石油化工企业的火灾爆炸事故中所占比例较大。这里选择接近汽油性质的 C_5H_{12} 为池火灾燃烧模拟对象。其火灾危险性甲 B,闪电−50 ℃;沸点 40~200 ℃;熔点<−60 ℃;引燃温度 415~530 ℃;热值 46 892 kJ/kg;净燃烧热 43.7 MJ/kg;火焰温度 810 ℃。C_5H_{12} 的储存环境一般是内浮顶罐。选取大直径进行

池火灾模拟:公称容积 5 000 m³、计算容积 5 275 m³、油罐内径 21 000 mm、罐体高度 15 850 mm、拱顶高度 2 300 mm、总高 18 154 mm。

2)常风情况下模拟结果

对于常风情况下池火灾的模拟,在空气边界入口处的风速可以设为 5 m/s,主要考虑的因素是便于观察流场的变化。

在 Contours 里选择 Temperature 查看常风情况下稳态池火灾的火焰空间形状图以及火焰温度空间分布,常风情况下池火灾燃烧火焰形状图如图 5.2 所示。图 5.3 显示了平面 $y=0$(即对称面)上温度的分布,选用的同样也是填充云图显示方式。可以看出 C_5H_{12} 燃烧的火焰最高温度为 1 550~1 620 K,火焰中心的温度低于火焰外围的温度。图 5.4 显示的是稳态池火灾下 $y=0$ 平面上 CO 的质量组分图,以 CO 的质量组分等值面为千分之一为判断依据,可以判断出火焰高度约为 40 m。在空气入口有常风的情况下,火焰向下风向倾斜的现象非常明显。

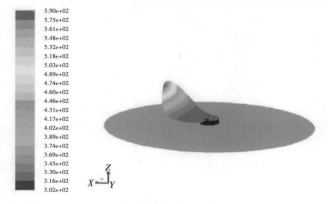

图 5.2 常风情况下池火灾火焰形状图

图 5.3 $y=0$ 平面上火焰温度分布图

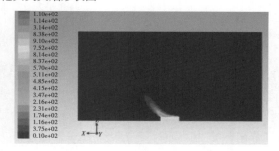

图 5.4 $y=0$ 平面上 CO 的质量组分图

5.2 大数据时代的化工安全预测

大数据(Big Data)也称巨量资料,是指那些已经超过传统数据库处理能力的数据,可以说它的结构并不适合原本的传统数据库,并且对传输的速度和数据规模有很高的要求。大数据的核心就是预测,通常被视为人工智能的一部分,或者说被视为一种机器学习,它把数学算法运用到海量的数据上来预测事情发生的可能性。大数据的发展为海量事故数据提供了有效的分析工具,通过对海量安全生产事故数据进行分析,分析和查找事故发生的季节性、周期性、关联性等规律特征,从而找出事故根源,能够有针对性地制订预防方案,提升源头治理能力,降低安全生产事故发生的可能性。

5.2.1　大数据给安全生产带来的变革

近年来,我国化工企业在安全生产、环境保护、职业防护等方面做出了很多的努力,但仍面临着诸多困境:企业的安全生产隐患排查工作主要靠人力,通过人的专业知识去发现生产中存在的安全隐患,这种方式易受到主观因素影响,且很难界定安全与危险状态,可靠性差;由于缺少有效的分析工具和对事故规律的认识,导致我国对于安全生产主要采取"事后管理"的方式,在事故发生后才分析事故原因、追究事故责任、制订防治措施,这种方式存在很大局限性,不能达到从源头上防止事故的目的;信息公开力度还不够,特别是安全监管信息的公开……这些问题仅仅凭借人和制度的管理,难以解决,必须不断加强企业信息化建设,加强海量数据分析工具的开发和利用,进一步释放大数据价值。

以"数据开放"理念引领企业创新活动的开展。开放数据,可以完善安全生产事故追责制度。一方面可以公开事故取证、事故资料、责任认定等相关资料,另一方面可以提高对企业监管力度。通过数据挖掘,建立安全生产舆情大数据分析模型,实现关联结果分析、趋势预判分析、模型预测分析。通过应用海量数据库,建立计算机大数据模型,可以对生产过程中的多个参数进行分析比对,从而有效地界定事物状态是否构成安全隐患,及时准确地发现事故隐患,提升排查治理能力。大数据的发展为海量事故数据提供了有效的分析工具,通过对海量安全生产事故数据进行分析,分析和查找事故发生的季节性、周期性、关联性等规律、特征,从而找出事故根源,能够有针对性地制订预防方案,提升源头治理能力,降低安全生产事故发生的可能性。

5.2.2　大数据+互联网给安全生产带来的变革

在《促进大数据发展行动纲要》(《纲要》)中,提出的大数据发展与"提升政府治理能力现代化"紧紧相连思路,受到了社会各界的关注。在《纲要》中,大数据被明确为国家基础性战略资源,要求坚持创新驱动发展,加快大数据部署,深化大数据应用。这已成为稳增长、促改革、调结构、惠民生和推动政府治理能力现代化的内在需要和必然选择。在中国推动大数据发展的图景中,未来 5 至 10 年中国要依托大数据打造精准治理、多方协作的社会治理新模式。以"大、智、移、云"形容当前国内快速进入的技术变革期。大数据、智能化、移动互联、云计算成为驱动中国经济社会转型进步的重要力量。而大数据这一几乎横跨所有社会经济领域的技术变革,无疑会给中国带来更多的改变。

这对于安全生产来说是一次机遇,也是一次挑战。安全生产是走新型工业化道路的重要内容。当前,我国工业尚处于重化工业阶段和工业化中期,是生产安全事故的"易发期"和"高发期"。其主要反映出我国化工安全生产的严峻形势,安全生产的基础能力建设仍然比较薄弱,企业本质安全水平急需提高。利用云计算、互联网、大数据等新一代技术和"互联网"思维和模式,提升化工企业安全动态预警能力,就显得非常迫切和必要。

化工安全动态预警能力的建设关键在于在线监控预警技术的研发。首先,通过对典型化工装备火灾、爆炸、泄漏等重大事故模式的早期特性及其成灾演化过程的研究,揭示事故早期特性,提取相应事故特征指标,建立事故危险性判别预警准则。同时,提出各类事故早期特征指标的监测方法与技术,分别建立基于事故以及事故链的检测预警理论与方法,开发典型事故实时在线检测方法与技术,构建并完善典型化工装备早期事故监测预警系统与理论技术体系。因此,研发基于"互联网""大数据"的典型危险工艺反应单元、化工园区在线监测预警技术和关键信息采集传输技术及装备,保障化工安全生产的平稳运行,提升事故防控能力和本质安全化水平。同时,按照"互联网"思维方法和模式(图 5.5),针对化工企业安全监管和预警现状,研发行业实用的,基于云计算与物联融合技术的大数据服务平台,为化工安全生产提供技术支撑。

图 5.5 "大数据+互联网"效果展示体系构成

思考与习题五

1.请举出一个 CFD 技术在化工安全预测中的应用案例。
2.请结合实际,列举一例关于大数据技术在化工安全预测中的应用实例。

第 6 章

危险化学品管理与职业卫生

化学工业是指运用化学方法从事产品生产,其生产过程中使用的原材料、中间产品、产品,大多数都具有易燃、易爆、有毒有害、有腐蚀的特性。化工生产过程大多具有高温、高压、深冷、生产方式高度自动化与连续化、生产规模大型化等特点。正因为化工生产具有以上特点,安全生产在危险化学品行业中显得更为重要。根据统计资料表明,在所有化工工业企业发生的爆炸事故中,生产危险化学品的企业占了 1/3。此外,由于在生产中不可避免地接触有毒有害的化学物质,化工产业职业病发病率明显高于其他行业,因此化工生产被称为高危行业。针对危险化学品的特点以及事故频发的倾向,加强危险化学品的规范管理和提升从业人员安全生产的技能显得尤为重要。

6.1　危险化学品

6.1.1　危险化学品的定义

化学品是指各种化学元素、由元素组成的化合物及其混合物。而危险化学品是指化学品中具有易燃、易爆、有毒、有害及有腐蚀特性,会对人员、设施、环境造成伤害或损害的化学品。

6.1.2　危险化学品的分类

危险化学品品种繁多,性质各异,而且一种危险化学品往往具有多重危险性。例如二硝基苯酚既有爆炸性、易燃性,又有毒害性。因此,对危险化学品分类时,遵循"择重归类"的原则,即根据危险化学品的主要危险性来进行分类。

随着化学品在国际贸易中的比例日益增加,在各个国家的经济发展中发挥的作用越来越重要。同时,伴随着全球经济一体化的发展趋势,化学品的国际贸易也得到了迅速的发展。由于各国对化学品的分类和标志不完全一致,给国际贸易带来了一定的障碍。随着许多国家对这一问题逐渐地关注,于是出现了"Globally Harmonized System Of Classification And Labelling Of Chemical"(GHS),中文称为《化学品分类与标签全球协调系统》,简称化学品全球协调系统。我国按照 GHS 的方法指定了国家标准 GB 13690—2009《化学品分类和危险性公示通则》,按照化学品的物理危险及健康和环境危害两个方面将其分为以下27类。

1)按物理危险分为16类

①爆炸物。

②可燃气体。

③易燃气溶胶。

④氧化性气体。

⑤压力下气体。

⑥易燃液体。

⑦易燃固体。

⑧自反应物质及其混合物。

⑨自燃液体。

⑩自燃固体。

⑪自热物质及其混合物。

⑫遇水放出易燃气体的物质及其混合物。

⑬氧化性固体。

⑭有机过氧化物。

⑮氧化性液体。

⑯金属腐蚀物。

2)按健康和环境危害分为11类

①急性毒性。

②皮肤腐蚀/刺激。

③严重眼睛损害/眼睛刺激性。

④呼吸或皮肤过敏。

⑤生殖细胞突变性。

⑥致癌性。

⑦生殖毒性。

⑧特定靶器官系统毒性—单次暴露。

⑨特定靶器官系统毒性—重复暴露。

⑩吸入危险。

⑪水环境的危害。

6.2 危险化学品的管理规定

化工生产危险性较大,容易发生各种安全事故。近年来,为了有效地减少生产危险化学品发生事故的概率,国家安全生产监督管理总局在对化工企业的安全管理上,颁布了一系列重要规定。采取了有效的政策措施和管理手段,全面加强化工企业中危险化学品的安全生产工作,促进企业安全水平明显提升,使得生产安全事故起数和死亡人数持续下降,遏制了较大事故,坚决防止了重特大事故的发生,实现了企业安全生产形势稳定好转。

2011 年 3 月 2 日,国务院公布新修订的《危险化学品安全管理条例》(国务院第 591 号),自 2011 年 12 月 1 日起施行,新修订的《危险化学品安全管理条例》分为 8 部分 102 条。

6.2.1　总则中相关规定

总则中对危险化学品相关事项进行了具体规定。

①危险化学生产、储存、使用、经营和运输的安全管理,适用本条例。

②本条例所称的危险化学品,是指具有毒害、腐蚀、爆炸、燃烧、助燃等性质,对人体、设施、环境具有危害的剧毒化学品和其他化学品。

③危险化学品安全管理,应当坚持安全第一、预防为主、综合治理的方针,强化和落实企业的主体责任。生产、储存、使用、经营、运输危险化学品的单位(以下统称危险化学品单位)的主要负责人对单位的危险化学品安全管理工作全面负责。危险化学品单位具备法律、行政法规规定和国家标准、行业标准要求的安全条件,建立、健全安全管理规章制度和岗位安全责任制度,对从业人员进行安全教育、法制教育和岗位技术培训。从业人员应当接受教育和培训,考核合格后上岗作业。对有资格要求的岗位,应当配备依法取得相应资格的人员。

④任何单位和个人不得生产、经营、使用国家禁止生产、经营、使用危险化学品。国家对危险化学品的使用有限性规定的,任何单位和个人不得违反限制性规定使用危险化学品。

⑤对危险化学品的生产、储存、使用、经营、运输实施安全监督管理的有关部门,依照下列规定履行职责:

a.安全生产监督管理部门负责危险化学品安全监督管理综合工作,组织确定、公布、调整危险化学品目录,对新建、改建、扩建生产、储存危险化学品的建设项目进行安全条件审查,核发危险化学品安全生产许可证、危险化学品安全使用许可证和危险化学品经营许可证,并负责危险化学品登记工作。

b.公安机关负责危险化学品的公共安全管理,核发剧毒化学品购买许可证、剧毒化学品道路运输通行证,并负责危险化学品运输车辆的道路交通安全管理。

c.质量监督检验检疫部门负责核发危险化学品及其包装物、容器(不包括储存危险化学品的固定式大型储罐,下同)生产企业的工业产品生产许可证,并依法对其产品质量实施监督,负责对进口危险化学品及其包装实施检验。

d.环境保护主管部门负责废弃危险化学品处理的监督管理,组织危险化学品的环境危险性鉴定和环境风险程度评估,确定实施重点环境管理的危险化学品,负责危险化学品环境管理登记和新化学物质环境管理登记。依照职责分工调查相关危险化学品环境污染事故和生态破坏事件,负责危险化学品事故现场的应急环境监测。

e.交通运输主管部门负责危险化学品道路运输、水路运输的许可以及运输工具的安全管理,对危险化学品水路运输安全实施监督,负责危险化学品道路运输企业、水路运输企业驾驶人员、船员、装卸管理人员、押运人员、申报人员、集装箱现场检查员的资格认定。铁路监管部门负责危险化学品铁路运输企业及其运输工具的安全管理。

f.卫生主管部门负责危险化学品毒性鉴定的管理,负责组织、协调危险化学品事故受伤人员的医疗卫生救援工作。

g.工商行政管理部门依据有关部门的许可证件,核发危险化学品生产、储存、经营、运输企业的营业执照,查处危险化学品经营企业违法采购危险化学品的行为。

h.邮政管理部门负责依法查处寄递危险化学品行为。

6.2.2　生产、储存安全的有关规定

在生产、储存安全中,对相关事项作了具体的规定。

①国家对危险化学品的生产、储存实行统筹规划、合理布局。国务院工业和信息管理部门以及国务院其他部门依据各自职责,负责危险化学品生产、储存的行业规划和布局。地方人民政府组织编制城乡规划,应当根据本地区的实际情况,按照确保安全的原则,规划适当区域专门用于危险化学品的生产和储存。

②新建、改建、扩建生产、储存危险化学品的建设项目,应当由安全生产监督管理部门进行安全条件审查。

③生产、储存危险化学品的单位,应当对其铺设的危险化学品管道设置明显标识,并对化学品管道定期检查、检测。进行可能危及危险化学品管道安全的施工作业,施工单位应当在开工的7日前书面通知管道所属单位,并与管道所属单位共同制订应急预案,采取相应的安全防护措施。管道所属单位应当指派专门人员到现场进行管道安全保护指导。

④危险化学品生产企业进行生产前,应当依照《安全生产许可证条例》规定,取得危险化学品安全生产许可证。生产列入国家实行生产许可证制度的工业产品目录的危险化学品企业,应当依照《中华人民共和国工业产品生产许可证管理条例》的规定,取得工业产品生产许可证。负责颁发危险化学品安全生产许可证、工业产品生产许可证的部门,应当将其颁发许可证的情况及时向同级工业和信息主管部门、环境保护主管部门和公安机关通报。

⑤危险化学品生产企业应当提供与其生产的危险化学品相符的化学品安全技术说明书,并在危险化学品包装上粘贴或拴挂与包装内危险化学品相符的化学品安全标签。化学品安全技术说明书和化学品安全标签所载明的内容应当符合国家标准要求。危险化学品生产企业发现其生产的危险化学品有新的危险特性的,应当立即公告,并及时修订其化学品安全技术说明书和化学品安全标签。

⑥生产实施重点环境管理的危险化学品的企业,应当按照国务院环境保护主管部门的规定,将该危险化学品向环境中释放等相关信息向环境保护主管部门报告。环境保护主管部门可以根据情况采取相应的环境风险控制措施。

⑦危险化学品的包装应当符合法律、行政法规、规章的规定以及国家标准、行业标准要求。危险化学品的包装物、容器的材质以及危险化学品包装的形式、规格、方法和单件质量,应当与所包装的危险化学品的性质和用途相适应。

⑧危险化学品的生产装置或者储存数量构成重大危险源的危险化学品储存设施,与下列场所、设施、区域的距离应当符合国家有关规定:

a.居住区以及商业中心、公园等人员密集场所。

b.学校、医院、影剧院、体育场等公共设施。

c.饮用水源、水厂以及水源保护区。

d.车站、码头、机场以及通信干线、通信枢纽、铁路线路、道路交通干线、地铁风亭以及地铁站出入口。

e.基本农田保护区、基本草原、畜禽遗传资源保护区、畜禽规模化养殖场、渔业水域以及种子、种畜禽、水产苗种生产基地。

f.河流、湖泊、风景名胜区、自然保护区。

g.军事禁区、军事管理区。

h.法律、行政法规规定的其他场所、设施、区域。

⑨生产、储存危险化学品的单位,应当根据其生产、储存的危险化学品的种类和危险特性,在作业场所设置相应的监测、监控、通风、防晒、调温、防火、灭火、防爆、泄压、防毒、中和、防雷、防静电、防腐、防泄漏以及防护围堤或者隔离操作等安全设施、设备,并按照国家标准或者国家有关规定对安全设施、设备进行经常性维护、保养,保证安全设施、设备的正常使用。生产、储存危险化学品的单位,应当在其作业场所和安全设施、设备设置明显的安全警示标志。

⑩生产、储存危险化学品的单位,应当在其作业场所设置通信、报警装置,并保证处于适用状态。

⑪生产、储存危险化学品的单位,应当委托具备国家规定的资质条件的机构,对本企业的安全生产条件每3年进行一次安全评价,并提出安全评价报告。其中安全评价报告包括安全生产条件存在的问题以及对问题做的整改方案。生产、储存危险化学品的企业,应当将安全评价报告以及整改方案落实情况报所在地县级人民政府安全生产监督管理部门备案。

⑫生产、储存剧毒化学品或者国务院公安部门规定可用于制造爆炸物品的危险化学品的单位,应当如实记录其生产、储存的剧毒化学品,易爆危险化学品的数量以及流向,并采取必要的安全防范措施,防止剧毒化学品、易爆危险化学品丢失或者被盗。发现剧毒化学品、易爆危险化学品丢失或者被盗,应当立即向当地公安机关报告。生产、储存剧毒化学品、易爆危险化学品的单位,应当设置治安保卫机构,配备专职治安保卫人员。

⑬危险化学品应当储存在专用仓库、专用场地或者专用储存室内,并由专人负责管理。剧毒化学品以及储存数量构成重大危险源的其他危险化学品,应当在专用仓库内单独存放,并实行双人收发、双人保管制度。危险化学品的储存方式、方法以及储存数量应当符合国家标准或者国家相关法规。

⑭储存危险化学品的单位应当建立危险化学品出入库核查、登记制度。对剧毒化学品以及数量构成重大危险源的其他危险化学品,储存单位应当将其储存数量、储存地点以及储存人员的情况,报所在地县级人民政府安全生产监督管理部门和公安机关备案。

⑮危险化学品专用仓库应当符合国家标准、行业标准要求,并设置明显的标志。储存剧毒化学品、易爆危险化学品的专用仓库,应当按照国家有关规定设置相应的技术防范设施。储存危险化学品的单位应当对其危险化学品专用仓库的安全设施、设备进行定期的检测和检验。

⑯生产、储存危险化学品的单位转产、停产、停业或者解散,应当采取有效的措施,及时、妥善地处理其危险化学品生产装置、储存设备以及库存的危险化学品,不得丢弃危险化学品。处理方案应当报所在地县级人民政府安全生产监督管理部门、工业和信息化主管部门、环境保护主管部门和公安机关备案。安全生产监督管理部门应当联合环境保护部门、公安机关对处置的情况进行监督检查,发现未依照法规处理的,责令立即处理。

6.2.3　使用安全的有关规定

在危险化学品使用安全中,对相关事项作了规定。

①使用危险化学品的单位,其使用条件应当符合法律、行政法规的规定和国家标准、行业标准要求,并根据所使用的危险化学品的种类、危险特性以及使用量和使用方式,建立和健全

使用危险化学品的安全管理规章制度和安全操作规程,保证危险化学品的安全使用。

②使用危险化学品并且使用量达到规定数量的化工企业,应当依照条例规定取得危险化学品安全使用许可证。

③申请危险化学品安全使用许可证的化工企业,除应当符合条例相关规定要求外,还应当具备下列条件:

a.有与所使用的危险化学品相适应的专业技术人员。

b.有安全管理机构和专职安全管理人员。

c.有符合国家规定的危险化学品事故应急预案和必要的应急救援器材、设备。

d.依法进行安全评价。

6.2.4 经营安全的有关规定

在经营危险化学品中,对相关事项作了规定。

①国家对危险化学品经营实行许可制度。未经许可,任何单位和个人不得经营危险化学品。依法设立危险化学品生产企业在其厂区范围内销售本企业生产的危险化学品,不需要取得危险化学品经营许可。

②从事危险化学品经营的企业应当具备下列条件:

a.有符合国家标准、行业标准的经营场所,储存危险化学品,还必须有符合国家标准、行业标准的储存设施。

b.从业人员经过专业技术培训并经考核合格。

c.有健全的安全管理规章制度。

d.有专职安全管理人员。

e.有符合国家规定的危险化学品事故应急预案和必要的应急救援器材、设备。

f.法律、法规规定的其他条件。

③从事剧毒化学品、易制爆危险化学品经营的企业,需向所在地人民政府安全生产监督管理部门提出申请,从事其他危险化学品经营的企业,需向所在地县级人民政府安全生产监督管理部门提出申请。申请人持危险化学品经营许可证向工商行政管理部门办理登记手续后,才可以从事危险化学品经营活动。法律、行政法规或者国家规定经营危险化学品还需经其他有关部门许可的,申请人向工商行政管理部门办理登记手续时还需持相应的许可证件。

④危险化学品经营企业储存危险化学品,需遵守储存危险化学品的规定。危险化学品商店内只能存放民用小包装的危险化学品。

⑤危险化学品经营企业不得向未经许可从事危险化学品生产、经营活动的企业采购危险化学品,也不得经营没有化学品安全技术说明书或者化学品安全标签的危险化学品。

⑥依法取得危险化学品安全许可证、危险化学品安全使用许可证、危险化学品经营许可证的企业,凭相应的许可证购买剧毒化学品、易制爆危险化学品。民用爆炸物品生产企业凭民用爆炸物品生产许可证购买易制爆危险化学品。个人不得购买剧毒化学品和易制爆危险化学品。

⑦申请取得剧毒危险化学品购买许可证,申请人应当向当地县级人民政府公安机关提交下列材料:

a.营业执照或者法人证书的复印件。

b.拟购买的剧毒化学品品种、数量的说明。

c.购买剧毒化学品用途的说明。

d.经办人的身份证明。

县级人民政府公安机关需从收到前款规定的材料之日起 3 日内,做出批准或者不予批准的决定。予批准的,需颁发剧毒化学品购买许可证。不予批准的,书面通知申请人并说明理由。剧毒化学品购买许可证管理办法由国务院公安部门制订。

⑧禁止向个人销售化学品和易制爆危险化学品。

⑨危险化学品生产企业、经营企业销售剧毒化学品、易制爆危险化学品,需如实记录购买单位的名称、地址,经办人的姓名、身份证号以及所购买的剧毒化学品、易制爆危险化学品的品种、数量、用途。销售记录以及经办人的身份证复印件、相关许可证复印件或者证件文件的保存期限不得少于 1 年。剧毒化学品、易制爆危险化学品的销售企业、购买单位需在销售、购买5 日内,将所销售、购买的剧毒化学品、易制爆危险化学品的品种、数量以及流向信息报当地县级人民政府公安机关备案,并输入计算机系统。

6.2.5　运输安全的有关规定

在运输安全中,对相关事项作了规定。

①从事危险化学品道路运输、水路运输,需分别依照有关运输、水路运输的法律、行政法规的规定,取得危险货物道路运输许可、危险货物水路运输许可,并向工商行政管理部门办理登记手续。危险化学品道路运输企业、水路运输企业需配备专职安全管理人员。

②危险化学品道路运输企业、水路运输企业的驾驶人员、船员、装卸管理人员、押运人员、申报人员、集装箱装现场检查员需经交通运输主管部门考核合格,并取得从业资格。具体办法由国务院交通运输主管部门制订。危险化学品的装卸作业需遵守安全作业标准、规程和制度,并在装卸管理人员的现场指挥或者监控下进行。水路运输危险化学品的集装箱装箱作业需在集装箱装箱现场检查员或监控下进行,并符合积载、隔离的规范要求;装箱作业完成后,集装箱装箱现场检查员需签署装箱证明书。

③运输危险化学品,需根据危险化学品的危险特性采取相应的安全防护措施,并配备必要的防护用品和应急救援器材。用于运输危险化学品的槽罐以及其他容器需严密封口,才可以避免危险化学品在输运过程中因温度、湿度或者压力变化而出现的渗透、撒漏等情况的发生。槽罐以及其他容器的溢流和泄压装置需设置准确、起闭灵活。运输危险化学品的驾驶人员、船员、装卸管理人员、押运人员、申报人员、集装箱装箱现场检查员,需了解运输的危险化学品的危险特性及包装物、容器的使用要求和出现危险情况的应急处理方法。

④通过道路运输危险化学品,托运人需委托依法取得危险货物道路运输许可的企业承运。

⑤通过道路运输危险化学品,需按照运输车辆的核定载质量装载危险化学品,不得超载。危险化学品运输车辆需符合国家标准要求的安全技术条件,并按照国家有关规定定期进行安全技术检验。危险化学品运输车辆需悬挂或者喷涂符合国家标准要求的警示标志。

⑥通过道路运输危险化学品,需配备押运人员,并保证所运的危险化学品处于押运人员的监控之下。运输危险化学品的中途因住宿或者发生影响正常运输的情况,需较长时间的停车,驾运人员、押运人员需采取相应的安全防护措施。运输剧毒化学品或易制爆危险化学品,还需向当地公安机关报告。

⑦未经公安机关批准,运输危险化学品的车辆不得进入危险化学品运输车辆限制通行区域。危险化学品运输车辆限制通行区域由县级人民政府公安机关划定,并设置明显的标志。

⑧通过道路运输剧毒化学品,托运人需向运输始发地或者目的地县级人民政府公安机关申请剧毒化学品道路运输通行证。剧毒化学品道路通行证管理办法由国务院公安部门制订。

⑨剧毒化学品、易制爆危险化学品在道路运输中丢失、被盗、被抢或者出现流散、泄漏等情况,驾驶人员、押运人员需立即采取相应的警示措施和安全措施,并向当地公安机关报告。公安机关接到报告后,需根据实际情况立即向安全生产监督管理部门、环境保护部门、卫生主管部门通报。有关部门需采取必要的应急处理措施。

⑩通过水路运输危险化学品,需遵守法律、行政法规以及国务院交通运输主管部门关于危险货物水路运输安全规定。

⑪禁止通过内河封闭水域运输剧毒化学品以及国家规定禁止通过内河运输的其他危险化学品。前款规定意外的内河水域,禁止运输国家规定禁止通过内河运输的剧毒化学品以及其他危险化学品。

⑫通过内河运输危险化学品,需依法取得危险货物水路运输许可的水路运输企业承运,其他特性以及发生危险情况的应急处置措施,并按照国家有关规定对所托运的危险化学品妥善包装,在外包装上设置相应的标志。运输危险化学品需要添加抑制剂或者稳定剂,托运人需添加,并将有关情况告知承运人。

⑬托运人不得在托运的普通货物中夹带危险化学品,不得将危险化学品匿报或谎报为普通货物托运。任何单位和个人不得交寄危险化学品或者在邮件、快件内夹带危险化学品,不得将危险化学品匿报或谎报为普通货物交寄。邮政企业、快递企业不得收寄危险化学品。对违反相关规定的,交通运输主管部门,邮政管理部门可以依法开拆查验。

⑭通过铁路、航空运输危险化学品的安全管理,依照有关铁路、航空运输的法律、行政法规、规章的规定执行。

6.2.6 危险化学品登记与事故应急救援的有关规定

在危险化学品登记与事故应急救援中,对相关事项作了规定。

①国家实行危险化学品登记制度,为危险化学品安全管理以及危险化学品事故预防和应急救援提供技术、信息支持。

②危险化学品生产企业、进口企业,需向国务院安全生产监督管理部门负责危险化学品登记机构办理危险化学品登记。

危险化学品登记包括下列内容:

a.分类和标签信息。

b.物理、化学性质。

c.主要用途。

d.危险特性。

e.储存、使用、运输的安全要求。

f.出现危险情况的应急处理措施。

对同一企业生产、进口品种的危险化学品,不得进行重复登记。危险化学品生产企业、进口企业发现其生产、进口的危险化学品有新的危险的,需及时向危险化学品登记机构办理登记内容变更手续。危险化学品登记的具体办法由国务院安全生产监督管理部门制订。

③危险化学品登记机构需定期向工业和信息化、环境保护、公安、卫生、交通运输、铁路、质量监督检验检疫等部门提供危险化学品登记的有关信息和资料。

④县级以上地方人民政府安全生产监督管理部门需会同工业和信息化、环境保护、公安、卫生、交通运输、铁路、质量监督检验检疫等部门,根据本地实际情况,制订危险化学品事故应急预案,报本级人民政府批准。

⑤危险化学品单位需制订本单位危险化学品事故应急预案,配备应急救援人员和必要的应急的救援器材、设备,并定期组织应急救援演练。危险化学品单位需将危险化学品事故应急预案报所在地区市级人民政府安全生产监督管理部门备案。

⑥发生危险化学品事故,事故单位主要负责人需立即按照本单位危险化学品应急预案组织救援,并向当地安全生产监督管理部门和环境保护、公安、卫生主管部门报告。道路运输、水路运输过程中发生危险化学品事故的,驾驶人员、船员或押运人员还需向事故发生地交通主管部门报告。

⑦发生危险化学品事故,有关地方人民政府需立即组织安全生产监督管理、环境保护、公安、卫生、交通运输等有关部门,按照本地区危险化学品事故应急预案组织实施救援,不得拖延、推诿。有关地方人民政府及其有关部门需按照下列规定,采取必要的应急处置措施,减少事故损失,防止事故蔓延、扩大。

a.立即组织营救和救治受害人员,疏散、撤离或者采取其他措施保护危害区域内的其他人员。

b.迅速控制危害源,测定危险化学品的性质、事故的危害区域及危害程度。

c.针对事故对人体、动植物、土壤、水源、大气造成的现实危害和可能产生的危害,迅速采取封闭、隔离、洗消等措施。

d.对危险化学品事故造成环境污染和生态破坏状况进行监测、评估,并采取相应的环境污染治理和生态修复措施。

⑧有关危险化学品单位需为危险化学品事故应急救援提供技术指导和必要的协助。

⑨危险化学品事故造成环境污染的,由设区的市级以上人民政府环境保护主管部门统一发布信息。

6.2.7 有关法律责任的规定

在法律责任中,对相关事项作了规定。

①生产、经营、使用国家禁止生产、经营、使用的危险化学品,由安全生产监督管理部门责令停止生产、经营、使用活动,处 20 万元以上 50 万元以下的罚款,有违法所得,没收违法所得。构成犯罪,依法追究刑事责任。

②未经安全条件审查,新建、改建、扩建生产、储存危险化学品的建设项目的,由安全生产监督管理部门责令停止建设,限期改正。逾期不改,处 50 万元以上 100 万元以下的罚款。构成犯罪,依法追究刑事责任。

③违反条例规定,化工企业未取得危险化学品安全使用许可证,使用危险化学品从事生产的,由安全生产监督管理部门责令限期改正,处 10 万元以上 20 万元以下的罚款。逾期不改正,责令停产整顿。违反条例规定,未取得危险化学品经营许可证从事危险化学品经营的,由

安全生产监督管理部门责令停止经营活动,没收违法经营的危险化学品以及违法所得,并处10万元以上20万元以下的罚款。构成犯罪的,依法追究刑事责任。

④有下列情况之一的,由安全生产监督管理部门责令改正,可以处5万元以下的罚款。拒不改正的,处5万元以上10万元以下的罚款。情节严重的,责令停产停业整顿。

a.生产、储存危险化学品的单位未对其铺设的危险化学品管道设置明显的标志,或者未对危险化学品管道定期检查、检测的。

b.进行可能危及危险化学品管道安全的施工作业,施工单位未按照规定书面通知管道所属单位,或者未与管道所属单位共同制订应急预案,采取相应的安全防护措施,或者管道所属单位为指派专门人员到现场进行管道安全保护指导的。

c.危险化学品生产企业未提供化学品安全技术说明书,或者未在包装上粘贴、拴挂化学品安全标签的。

d.危险化学品生产企业提供化学品安全技术说明书与其生产的危险化学品不相符,或者包装在包装上粘贴、拴挂化学品安全标签与包装内化学品不相符,或者化学安全技术说明书、化学品安全标签所载明的内容不符国家标准要求的。

e.危险化学品生产企业发现其生产的危险化学品有新的危险特性不立即公告,或者不及时修订其化学品安全技术说明书和化学品安全标签。

f.危险化学品经营企业经营没有化学品安全技术说明书和化学品安全标签的危险化学品。

g.危险化学品包装物、容器的材质以及包装的形式、规格、方法和单件质量与包装的危险化学品的性质和用途不相适应的。

h.生产、储存危险化学品的单位未在作业场所和安全设施、设备上设置明显的安全警示标志,或者未在作业场所设置通信、报警装置。

i.危险化学品专用仓库未设专人负责管理,或者对储存的剧毒化学品以及储存数量构成重大危险源的其他危险化学品未实行双人收发、双人保管制度。

j.储存危险化学品的单位未建立危险化学品出入库核查、登记制度。

⑤生产、储存、使用危险化学品的单位有下列情况之一,由安全生产监督管理部门责令改正,处5万元以上10万元以下的罚款。拒不改正,责令停产停业整顿直至由原发证机关吊销其相关许可证,并由工商行政管理部门责令其办理经营范围变更登记或者吊销其营业执照。有关责任人员构成犯罪,依法追究刑事责任。

a.对重复使用的危险化学品包装物、容器,在重复使用前不进行检查。

b.未根据其生产、储存危险化学品的种类和危险特性,在作业场所设置相关安全设施、设备,或者未按照国家标准、行业标准或者国家有关规定对安全设施、设备进行经常性维护、保养。

c.未按照条例规定对其安全生产条件定期进行安全评价。

d.未将危险化学品储存在专用仓库内,或者未将剧毒化学品以及储存数量构成重大危险源的其他危险化学品在仓库内单独存放。

e.危险化学品的储存方式、方法或者储存数量不符合国家标准或者国家有关规定。

f.危险化学品专用仓库不符合国家标准、行业标准要求。

g.未对危险化学品专用仓库的安全设施、设备定期进行检测检验。

⑥有下列情况之一的,由公安机关责令改正,处 1 万元以下的罚款。拒不改正,处 1 万元以上 5 万元以下罚款。

a.生产、储存、使用剧毒化学品、易制爆危险化学品的单位不如实记录生产、储存、使用剧毒化学品、易制爆危险化学品的数量、流向。

b.生产、储存、使用剧毒化学品、易制爆危险化学品的单位发现剧毒化学品、易制爆危险化学品丢失或者被盗,不立即向公安机关报告。

c.储存剧毒化学品的单位未将剧毒化学品的储存数量、储存地点以及管理人员的情况报所在地县级人民政府公安机关备案。

d.危险化学品生产企业、经营企业不如实记录剧毒化学品、易制爆危险化学品购买单位的名称、地址,经办人的姓名、身份证号码以及购买的剧毒化学品、易制爆危险化学品的品种、数量、用途,或者保存销售记录和相关材料的时间少于 1 年。

e.剧毒化学品、易制爆危险化学品的销售企业、购买单位未在规定的时限内将所销售、购买的剧毒化学品、易制爆危险化学品的品种、数量以及流向信息报所在地县级人民政府公安机关备案。

f.使用剧毒化学品、易制爆危险化学品的单位依照条例规定转让其购买的剧毒化学品、易制爆危险化学品,未将有关情况向所在地县级人民政府公安机关报告。

⑦未依法取得危险货物道路运输许可、危险货物水路运输许可,从事危险化学品道路运输、水路运输的,分别依照有关道路运输、水路运输的法律、行政法规的规定处罚。

⑧有下列情况之一,由交通运输主管部门责令改正,处 5 万元以上 10 万元以下的罚款。拒不改正,责令停产停业整顿。构成犯罪,依法追究刑事责任。

a.危险化学品道路运输企业、水路运输企业的驾驶人员、船员、装卸管理人员、押运人员、申报人员、集装箱装箱现场检查员未取得从业资格上岗作业。

b.运输危险化学品,未根据危险化学品的危险特性采取相应的安全防护措施,或者未配备必要的防护用品和应急救援器材。

c.使用未依法取得危险货物适装证书的船舶,通过内河运输危险化学品。

d.通过内河运输危险化学品的承运人违反国务院交通运输主管部门对单船运输的危险化学品数量的限制规定运输危险化学品。

e.用于危险化学品运输作业的内河码头、泊位不符合国家有关安全规范,或者未与饮用水取水口保持国家规定的安全距离,或者未经交通运输主管部门验收合格投入使用。

f.托运人不向承运人说明所托运的危险化学品的种类、数量、危险特性以及发生危险情况的应急处置措施,或者未按照国家有关规定对所托运的危险化学品妥善包装并在外包装上设置相应标志。

g.运输危险化学品需要添加抑制剂或者稳定剂,托运人未添加或者未将有关情况告知承运人。

⑨有下列情况之一,由交通运输主管部门责令改正,处 10 万元以上 20 万元以下的罚款,有违法所得的,没收所得。拒不改正,责令停产停业整顿。构成犯罪,依法追究刑事责任。

a.委托未依法取得危险货物道路运输许可、危险货物水路运输许可的企业承运危险化学品。

b.通过内河封闭水域运输剧毒化学品以及国家规定禁止通过内河运输的其他危险化

学品。

c.通过内河运输国家规定禁止通过内河运输的剧毒化学品以及其他危险化学品。

d.在托运的普通货物中夹带危险化学品,或者将危险化学品谎报或者匿报为普通货物托运。在邮件、快件内夹带危险化学品,或者将危险化学品谎报为普通物品交寄,依法给予管理处罚。构成犯罪,依法追究刑事责任。

⑩有下列情况之一,由公安机关责令改正,处5万元以上10万元以下的罚款。构成违反治安管理行为,依法给予治安管理处罚。构成犯罪,依法追究刑事责任。

a.超过运输车辆的核定载质量装载危险化学品。

b.使用安全技术条件不符合国家标准要求的车辆运输危险化学品。

c.运输危险化学品的车辆未经公安机关批准进入危险化学品运输车辆限制通行的区域。

d.未取得剧毒化学品道路运输通行证,通过道路运输剧毒化学品。

⑪有下列情况之一,由公安机关责令改正,处1万元以上5万元以下的罚款。构成违反治安管理行为,依法给予治安管理处罚。

a.危险化学品车辆未悬挂或喷涂警示标志,或者悬挂或者喷涂警示标志,不符合国家标准要求。

b.通过道路运输危险化学品,不配备押运人员。

c.运输剧毒化学品或者易制爆化学品途中需要较长时间停车,驾驶人员、押运人员不向当地公安机关报告。

d.剧毒化学品、易制爆危险品在道路运输中丢失、被盗、被抢或者发生流散、泄漏等情况,驾驶人员、押运人员不采取必要的警示措施和安全措施,或者不向当地公安机关报告。

⑫对发生交通事故负有全部责任或者主要责任的危险化学品道路运输企业,由公安机关责令消除安全隐患,未消除安全隐患的危险化学品运输车辆,禁止上道路行驶。

⑬有下列情况之一,由交通运输主管部门责令改正,可以处1万元以下的罚款。拒不改正,处1万元以上5万元以下的罚款。

a.危险化学品道路运输企业、水路运输企业未配备专职安全管理人员。

b.用于危险化学品运输作业的内河码头、泊位的管理单位未制订码头、泊位危险化学品事故应急救援预案,或者未为码头、泊位配备充足、有效的应急救援器材和设备。

⑭伪造、变造或者出租、出借、转让危险化学品安全生产许可证、工业产品生产许可证,分别依照《安全生产许可证条例》《中华人民共和国工业生产许可证管理条例》的规定处罚。

伪造、变造或者出租、出借、转让危险化学品安全生产许可证,或者使用伪造、变造的条例规定的其他许可证,分别由相关许可证的颁发管理机关处10万元以上20万元以下的罚款。有违法所得的,没收违法所得。构成违反治安管理行为,依法给予治安管理处罚。构成犯罪的,依法追究刑事责任。

⑮危险化学品单位发生危险化学品事故,其主要负责人不立即组织救援或者不立即向有关部门报告,按照《生产安全事故报告和调查处理条例》的规定处罚。危险化学品单位发生危险化学品事故,造成他人人身伤害或者财产损失的,依法承担损失。

⑯发生危险化学品事故,有关地方人民政府及其有关部门不立即组织实施救援,或者不采取必要的应急处置措施减少损失,防止事故蔓延、扩大,对其直接负责的主管人员和其他责任人依法给予处分。构成犯罪的,依法追究刑事责任。

⑰负有危险化学品安全监督管理职责的部门的工作人员,在危险化学品安全监督管理工作中滥用职权、玩忽职守、徇私舞弊,构成犯罪的,依法追究刑事责任。尚不构成犯罪的,依法给予处分。

6.3　化学品危害预防与控制的基本原则

众所周知,化学品是有害的,可人类的生活已离不开化学品,有时不得不生产和使用有害化学品,因此如何预防与控制作业场所中化学品的危害,防止火灾爆炸、中毒与职业病的发生,就成为必须解决的问题。作业场所化学品危害预防与控制的基本原则一般包括两个方面:操作控制和管理控制。

6.3.1　操作控制

操作控制的目的是通过采取适当的措施,消除或降低工作场所的危害,防止工人在正常作业时受到有害物质的侵害。采取的主要措施是替代、变更工艺、隔离、通风、个体防护和卫生。工作场所的危害主要取决于化学品的危害及导致危害的制造过程,有的工作场所可能不止一种危害,所以好的控制方法必须是针对具体的加工过程而设计的。

6.3.2　管理控制

管理控制是指按照国家法律和标准建立起来的管理程序和措施,是预防作业场所中化学品危害的一个重要方面。管理控制主要包括:危害识别、安全标签、安全技术说明书、安全贮存、安全传送、安全处理与使用、废物处理、接触监测、医学监督和培训教育。

6.4　危害化学品生产的职业卫生要求

近年来,我国国民经济一直保持着世人瞩目的高速增长,但作为社会进步重要内容之一的职业安全健康工作却远滞后于经济建设的步伐,在市场经济大潮受到巨大冲击,重大恶性工伤事故频频发生、职业病人数居高不下。据统计,2011 全年各类生产安全事故共死亡 7 572 人。为有效地预防、控制和消除职业危害,保护危害化学品生产从业人员的身体健康,全面提升安全管理水平,根据《职业病防治法》的要求,结合实际情况,提出了与职业卫生相关的制度。

6.4.1　从业职责

生产装置各工序之间,生产装置与辅助作业之间,互相紧密联系,具有高度连续性,操作要求严格。尽管配备着仪器仪表、安全设施和自控联锁等装置,仍容易因控制装置失灵、误操作导致事故。特别是机组小、系统多的厂,开停车频繁,在开停车和部分检修、部分运行的情况下,很容易发生事故。因此加强从业人员相关从业职责的意识以及安全培训教育,就显得尤为重要。此外,还可以减少事故发生的可能性和降低危险化学品从业人员职业病的发病率。具体从业职责要求如下。

①加强从业人员的安全培训教育,对有毒有害岗位进行分类,建立职业危害人员的档案。

②安全生产管理部门负责组织职业危害因素的安全检测工作,督促落实职业危害因素的整改和整治,以及职业危害因素的申报工作。

③负责建立职业卫生档案,组织有毒有害岗位人员的健康查体和职业病的医治工作。

④负责部门的职业危害因素的整治工作。

6.4.2 工作程序

1)岗位和人员的确定

安全生产管理部门按照职业危害因素和国家有关标准,确定具有职业病危害的岗位和人员,并建立职业危害人员的个人档案。

2)培训与教育

对从事接触职业危害因素的作业人员,上岗前和在岗期间要组织职业卫生培训,普及职业卫生知识,督促遵守职业病防治的各项规定,指导从业人员正确使用防护用品和防护设备。

3)健康检查

从事接触职业危害因素的作业人员,上岗前要经过职业健康检查,有职业禁忌的不得从事其所禁忌的作业。在岗期间要组织进行定期职业健康检查,发现有与从事作业相关的健康损害人员,应及时调离原工作岗位,同时要妥善安置;离岗时也要按规定组织健康检查。每次的检查结果要告知作业人员。

4)职业危害因素的检测与整治

按照确定的职业危害因素,公司定期组织对危害因素进行检测,粉尘、噪声、有毒有害物质等每年检测一次。检测数据不符合国家规定的,要彻底整改整治或采取有效的预防措施,确保达到国家规定标准。符合国家规定标准的,也要不断增加投入,努力降低危害程度。

5)危害告知

职业危害因素的危害和检测结果要如实地告知员工,采用广播、简报、宣传栏、有毒有害物质周知栏、安全教育培训、提供安全技术说明书和安全标签等多种有效形式,对员工进行宣传,使员工了解所从事的工作中的危害,掌握预防和应急处理措施。

6)安全防护

具有职业危害因素的部门,要从以下4个方面进行预防控制,做好安全防护。

①采用工程技术措施,实现本质安全,如在有毒有害场所安装通风机、通风帽、有毒有害气体泄漏报警仪,通风橱、隔离操作室等。

②加强防护、减少职业伤害,为消除或降低职业危害因素所安装的设施、配备的个体防护用品,必须按规定使用,不得以任何理由不按规定使用。

③加强教育,提高安全防范意识,在作业时处于上风侧,工作完毕讲究个人卫生,洗浴换衣,尽可能不在通风不畅的场所作业,必要时应开启强制通风设施,在有危害的场所不得饮水进食。

④加强管理,规范作业行为,在作业时应认真遵守职业卫生安全管理制度和岗位职业卫生规程,各部门要严格检查,严肃查处。

7)防护用品和设施管理

按计划购进合格的安全防护器材、用具。各相关部门要在可能发生急性职业损伤的工作场所设置警示标志、报警设施、冲洗设施和应急撤离通道,配置防护装置,配备必要的现场急救用品,并对防护用品、设施进行维护、保养、检修和定期检测,保证其正常运行、使用,不得擅自拆除或停止使用。

8) 急性职业病事故的处理

发生急性职业病危害事故,各部门要根据所接触的职业危害因素情况,采取正确的处理措施,迅速组织救援人员进行抢救,同时以最快的速度送医院治疗。

思考与习题六

一、简答题

1.化学爆炸的三个主要特点是什么?

2.易燃气体的危险特性是什么?

3.易燃固体除火种、热源能引起燃烧外,对哪些作用也很敏感?

4.国家对危险化学品的运输实行什么制度?

二、判断题

1.化学事故发生后,对危险区的人员应及时组织疏散至复杂地带,在污染严重、被困人员多、情况比较复杂时,也要由疏散组单独组织疏散。　　　　　　　　　　　　　(　　)

2.化学事故发生后,采样检测工作进行一段时间就可以结束,检测结果不必连续报告。
　　　　　　　　　　　　　　　　　　　　　　　　　　　　　　(　　)

3.应急救援过程中,应急救援人员撤离前应及时指导危险区的群众做好个人防护。
　　　　　　　　　　　　　　　　　　　　　　　　　　　　　　(　　)

4.应急救援过程中社会援助队伍到达企业时,指挥部要派人员引导并告知安全注意事项。
　　　　　　　　　　　　　　　　　　　　　　　　　　　　　　(　　)

第 7 章
化工隐患排查与治理

对于化工生产企业来说,排查治理事故防患是预防事故发生的重要手段,同时也是安全工作的重点之一。安全来自防范,事故源于隐患,只有消除隐患,才能消灭事故。企业要把隐患排查治理工作制度化和规范化,保障资金投入,及时消除隐患,增强企业防范事故的能力。只有建立企业内部重大危险源普查、监控和分级管理制度,才能有效地防范和遏制重特大事故的发生。

7.1 化工生产企业事故隐患排查治理相关规章

按照墨菲定律,只要发生事故的可能性存在,不管其可能性多么小,事故迟早都会发生。隐患是事故的源头,隐患不除,则事故难免发生。任何事物都处于发展变化之中,事故隐患也不例外。由于企业生产系统中各种要素的变化,事故隐患也随时发生着变化,原有的事故隐患消除了,新的事故隐患又产生。因此,事故隐患的排查治理是一项长期任务,企业只有建立完善事故隐患排查治理的常态机制,坚持不懈地开展好隐患治理工作,才能远离事故灾害,确保安全生产。

7.1.1 安全生产事故隐患治理暂行规定

2016 年国家安全监管总局修订了《安全生产事故隐患排查治理暂行规定(修订稿)》,分为 5 部分共 40 条,其具体内容分为:第一部分 总则;第二部分 事故隐患排查治理;第三部分 监督管理;第四部分 法律责任;第五部分 附则。该暂行规定的目的是建立安全生产事故隐患排查治理长效机制,强化安全生产主体责任,加强事故隐患监督管理,防止和减少事故,保障人民群众生命财产安全。

1)总则中相关规定

在该部分的总则中,对相关事项作了规定。

①为了加强生产安全事故隐患(以下简称事故隐患)排查治理工作,落实生产经营单位的安全生产主体责任,预防和减少生产安全事故,保障人民群众生命健康和财产安全,根据《中华人民共和国安全生产法》等法律、行政法规,制订本规定。

②生产经营单位事故隐患排查治理和安全生产监督管理部门、煤矿安全监察机构（以下统称安全监管监察部门）实施监管监察，适用本规定。有关法律、法规对事故隐患排查治理另有规定的，依照其规定。

③本规定所称事故隐患，是指生产经营单位违反安全生产法律、法规、规章、标准、规程和安全生产管理制度的规定，或者因其他因素在生产经营活动中存在可能导致事故发生的人的不安全行为、物的危险状态、场所的不安全因素和管理上的缺陷。

④事故隐患分为一般事故隐患和重大事故隐患。

一般事故隐患，是指危害和整改难度较小，发现后能够立即整改消除的隐患。

重大事故隐患，是指危害和整改难度较大，需要全部或者局部停产停业，并经过一定时间整改治理方能消除的隐患，或者因外部因素影响致使生产经营单位自身难以消除的隐患。

⑤生产经营单位是事故隐患排查、治理、报告和防控的责任主体，应当建立健全事故隐患排查治理制度，完善事故隐患自查、自改、自报的管理机制，落实从主要负责人到每位从业人员的事故隐患排查治理和防控责任，并加强对落实情况的监督考核，保证隐患排查治理的落实。

生产经营单位主要负责人对本单位事故隐患排查治理工作全面负责，各分管负责人对分管业务范围内的事故隐患排查治理工作负责。

⑥各级安全监管监察部门按照职责对所辖区域内生产经营单位排查治理事故隐患工作依法实施综合监督管理。各级人民政府有关部门在各自职责范围内对生产经营单位排查治理事故隐患工作依法实施监督管理。

各级安全监管监察部门应当加强互联网+隐患排查治理体系建设，推进生产经营单位建立完善隐患排查治理制度，运用信息化技术手段强化隐患排查治理工作。

⑦任何单位和个人发现事故隐患或者隐患排查治理违法行为，均有权向安全监管监察部门和有关部门举报。

安全监管监察部门接到事故隐患举报后，应当按照职责分工及时组织核实并予以查处。发现所举报事故隐患应当由其他有关部门处理的，应当及时移送并记录备查。

对举报生产经营单位存在的重大事故隐患或者隐患排查治理违法行为，经核实无误的，安全监管监察部门和有关部门应当按照规定给予奖励。

⑧鼓励和支持安全生产技术管理服务机构和注册安全工程师等专业技术人员参与事故隐患排查治理工作，为生产经营单位提供事故隐患排查治理技术和管理服务。

2）事故隐患排查治理的相关规定

在第二部分生产经营单位的职责中，对相关事项作了规定。

①生产经营单位应当建立包括下列内容的事故隐患排查治理制度：

a.明确主要负责人、分管负责人、部门和岗位人员隐患排查治理工作要求、职责范围、防控责任。

b.根据国家、行业、地方有关事故隐患的标准、规范、规定，编制事故隐患排查清单，明确和细化事故隐患排查事项、具体内容和排查周期。

c.明确隐患判定程序，按照规定对本单位存在的重大事故隐患作出判定。

d.明确重大事故隐患、一般事故隐患的处理措施及流程。

e.组织对重大事故隐患治理结果的评估。

f.组织开展相应培训，提高从业人员隐患排查治理能力。

g.应当纳入的其他内容。

②生产经营单位应当保证事故隐患排查治理所需的资金,建立资金使用专项制度。

③生产经营单位应当按照事故隐患判定标准和排查清单组织安全生产管理人员、工程技术人员和其他相关人员排查本单位的事故隐患,对排查出的事故隐患,应当按照事故隐患的等级进行记录,建立事故隐患信息档案,按照职责分工实施监控治理,并将事故隐患排查治理情况向从业人员通报。

④生产经营单位应当建立事故隐患排查治理激励约束制度,鼓励从业人员发现、报告和消除事故隐患。对发现、报告和消除事故隐患的有功人员,应当给予物质奖励或者表彰。对瞒报事故隐患或者排查治理不力的人员予以相应处罚。

⑤生产经营单位的安全生产管理人员在检查中发现重大事故隐患,应当向本单位有关负责人报告,有关负责人应当及时处理。有关负责人不及时处理的,安全生产管理人员可以向安全生产监管监察部门和有关部门报告,接到报告后安全监管监察部门和有关部门应当依法及时处理。

⑥生产经营单位将生产经营项目、场所、设备发包、出租的,应当与承包、承租单位签订安全生产管理协议,并在协议中明确各方对事故隐患排查、治理和防控的管理职责。生产经营单位对承包、承租单位的事故隐患排查治理工作进行统一协调、管理,定期进行检查,发现问题及时督促整改。承包、承租单位拒不整改的,生产经营单位可以按照协议约定的方式处理,或者向安全监管监察部门和有关部门报告。

⑦生产经营单位应当每月对本单位事故隐患排查治理情况进行统计分析,并按照规定的时间和形式报送安全监管监察部门和有关部门。

对于重大事故隐患,生产经营单位除依照前款规定报送外,应当向安全监管监察部门和有关部门提交书面材料。重大事故隐患报送内容应当包括:

a.隐患的现状及其产生原因。

b.隐患的危害程度和整改难易程度分析。

c.隐患的治理方案。

已经建立隐患排查治理信息系统的地区,生产经营单位应当通过信息系统报送前两款规定的内容。

⑧对于一般事故隐患,由生产经营单位(车间、分厂、区队等)负责人或者有关人员及时组织整改。

对于重大事故隐患,由生产经营单位主要负责人组织制订并实施事故隐患治理方案。重大事故隐患治理方案应当包括以下内容:

a.治理的目标和任务。

b.采取的方法和措施。

c.经费和物资的落实。

d.负责治理的机构和人员。

e.治理的时限和要求。

f.安全措施和应急预案。

⑨生产经营单位在事故隐患治理过程中,应当采取相应的安全防范措施,防止事故发生。事故隐患排除前或者排除过程中无法保证安全的,应当从危险区域内撤出作业人员,并疏散可

能危及的其他人员,设置警戒标志,暂时停产停业或者停止使用相关设施、设备。对暂时难以停产或者停止使用后极易引发生产安全事故的相关设施、设备,应当加强维护保养和监测监控,防止事故发生。

⑩对于因自然灾害可能引发事故灾难的隐患,生产经营单位应当按照有关法律、法规、规章、标准、规程的要求进行排查治理,采取可靠的预防措施,制订应急预案。在接到有关自然灾害预报时,应当及时发出预警通知。发生自然灾害可能危及生产经营单位和人员安全的情况时,应当采取停止作业、撤离人员、加强监测等安全措施,并及时向当地人民政府及其有关部门报告。

⑪重大事故隐患治理工作结束后,生产经营单位应当组织本单位的技术人员和专家对重大事故隐患的治理情况进行评估或者委托依法设立的为安全生产提供技术、管理服务的机构对重大事故隐患的治理情况进行评估。

对安全监管监察部门和有关部门在监督检查中发现并责令全部或者局部停产停业治理的重大事故隐患,生产经营单位完成治理并经评估后符合安全生产条件的,应当向安全监管监察部门和有关部门提出恢复生产经营的书面申请,经安全监管监察部门和有关部门审查同意后,方可恢复生产经营。申请材料应当包括治理方案的内容、项目和治理情况评估报告等。

⑫生产经营单位委托技术管理服务机构提供事故隐患排查治理服务的,事故隐患排查治理的责任仍由本单位负责。

技术管理服务机构对其出具的报告或意见负责,并承担相应的法律责任。

3) 监督管理的相关规定

在该部分的监督管理中,对相应的事项作了规定。

①安全监管监察部门应当指导、监督生产经营单位事故隐患排查治理工作。安全监管监察部门应当按照有关法律、法规、规章的规定,不断完善相关标准、规范,逐步建立与生产经营单位联网的信息化管理系统,健全自查自改自报与监督检查相结合的工作机制以及绩效考核、激励约束等相关制度,突出对重大事故隐患的督促整改。

②安全监管监察部门应当根据事故隐患排查治理工作情况制订相应的专项监督检查计划。安全监管监察部门应当按计划对生产经营单位事故隐患排查治理情况开展差异化监督检查;对发现存在重大事故隐患的生产经营单位,应当重点检查。

安全监管监察部门在监督检查中发现属于其他有关部门职责范围内的重大事故隐患,应当及时将有关资料移送有管辖权的有关部门,并记录备查。

③安全监管监察部门和有关部门应当建立重大事故隐患督办制度。对于整改难度大或者需要有关部门协调推进方能完成整改的重大事故隐患,安全监管监察部门应当提请有关人民政府督办。

④已经取得煤矿、非煤矿山、危险化学品、烟花爆竹安全生产许可证的生产经营单位,在其被督办的重大事故隐患治理结束前,安全监管监察部门应当加强监督检查。必要时,可以提请原许可证颁发机关依法暂扣其安全生产许可证。

⑤安全监管监察部门对检查中发现的事故隐患,应当责令生产经营单位立即排除;重大事故隐患排除前或者排除过程中无法保证安全的,应当责令从危险区域内撤出作业人员,责令暂时停产停业或者停止使用相关设施、设备。重大事故隐患排除后,生产经营单位应当报安全监管监察部门审查同意,方可恢复生产经营和使用。

⑥安全监管监察部门依法对存在重大事故隐患的生产经营单位作出停产停业、停止施工、停止使用相关设施或者设备的决定，生产经营单位应当依法执行，及时消除事故隐患。生产经营单位拒不执行，有发生生产安全事故的现实危险的，在保证安全的前提下，经本部门主要负责人批准，安全监管监察部门可以采取通知有关单位停止供电、停止供应民用爆炸物品等措施，强制生产经营单位履行决定。通知应当采用书面形式，有关单位应当予以配合。

安全监管监察部门依照前款规定采取停止供电措施，除有危及生产安全的紧急情形外，应当提前二十四小时通知生产经营单位。生产经营单位依法履行行政决定、采取相应措施消除事故隐患的，安全监管监察部门应当及时解除前款规定的措施。

⑦安全监管监察部门收到生产经营单位恢复生产经营的申请后，应当在10个工作日内进行现场审查。审查合格的，同意恢复生产经营；审查不合格的，依法处理；对经停产停业治理仍不具备安全生产条件的，依法提请县级以上人民政府按照国务院规定的权限予以关闭。

⑧安全监管监察部门应当每月将本行政区域事故隐患的排查治理情况和统计分析表逐级报至国家安全生产监督管理总局。

⑨安全监管监察部门应当根据"谁负责监管，谁负责公开"的原则将所监管监察领域已排查确定的重大事故隐患的责任单位、整改措施和整改时限等内容在政务网站上公开，有关保密规定不能公开的除外。

⑩对事故隐患治理不力，导致事故发生的生产经营单位，安全监管监察部门应当将其行为录入安全生产违法行为信息库；对违法行为情节严重的，依法向社会公告，并通报行业主管部门、投资主管部门、国土资源主管部门、证券监督管理机构以及有关金融机构。

4）法律责任的相关规定

在本部分的处罚规定中，对相关的事项作了规定。

①生产经营单位未建立事故隐患排查治理制度的，责令限期改正，可以处10万元以下的罚款；逾期未改正的，责令停产停业整顿，并处10万元以上20万元以下的罚款，对其直接负责的主管人员和其他直接责任人员处2万元以上5万元以下的罚款；构成犯罪的，依照刑法有关规定追究刑事责任。

②生产经营单位未采取措施消除事故隐患的，责令立即消除或者限期消除；生产经营单位拒不执行的，责令停产停业整顿，并处10万元以上50万元以下的罚款，对其直接负责的主管人员和其他直接责任人员处2万元以上5万元以下的罚款。

生产经营单位未按规定采取措施及时消除事故隐患导致生产安全事故发生的，依法给予行政处罚；构成犯罪的，依照刑法有关规定追究刑事责任。

③生产经营单位违反本规定，有下列行为之一的，责令限期改正，可以处5万元以下的罚款；逾期未改正的，责令停产停业整顿，并处5万元以上10万元以下的罚款，对其直接负责的主管人员和其他直接责任人员处1万元以上2万元以下的罚款：

a.未按规定将事故隐患排查治理情况如实记录的。

b.未按规定将事故隐患排查治理情况向从业人员通报的。

④生产经营单位违反本规定，有下列行为之一的，由安全监管监察部门处5 000元以上3万元以下的罚款，对其直接负责的主管人员和其他直接责任人员处1 000元以上1万元以下的罚款：

a.未制订重大事故隐患治理方案、治理方案不符合规定或者未实施重大事故隐患治理方案的。

b.重大事故隐患未提交书面材料或者未在信息系统中报送的。

c.安全监管监察部门在监督检查中发现并责令全部或者局部停产停业治理的重大事故隐患整改完成后未经安全监管监察部门审查同意擅自恢复生产经营的。

⑤生产经营单位有下列行为之一的,由安全监管监察部门责令限期改正,可以处 5 000 元以上 3 万元以下的罚款,对其直接负责的主管人员和其他直接责任人员可以处 1 000 元以上 1 万元以下的罚款:

a.未建立隐患排查治理激励约束制度的。

b.未按规定报送事故隐患排查治理情况统计分析数据的。

⑥承担安全评估的中介机构,出具虚假评价证明的,没收违法所得;违法所得在 10 万元以上的,并处违法所得 2 倍以上 5 倍以下的罚款;没有违法所得或者违法所得不足 10 万元的,单处或者并处 10 万元以上 20 万元以下的罚款;对其直接负责的主管人员和其他直接责任人员处 2 万元以上 5 万元以下的罚款;给他人造成损害的,与生产经营单位承担连带赔偿责任;构成犯罪的,依照刑法有关规定追究刑事责任。

对有前款违法行为的机构,吊销其相应的资质。

⑦生产经营单位主要负责人在本单位隐患排查治理中未履行职责,及时组织消除事故隐患的,责令限期改正;逾期未改正的,处 2 万元以上 5 万元以下的罚款,责令生产经营单位停产停业整顿;由此导致发生生产安全事故的,依法给处分并处以罚款;构成犯罪的,依照刑法有关规定追究刑事责任。

⑧安全监管监察部门的工作人员在隐患排查治理监督检查工作中有下列情形之一,且无正当理由的,由本单位进行批评教育,责令改正。拒不改正的,依法给予处分。

a.未根据事故隐患排查治理工作情况制订相应专项监督检查计划的。

b.发现属于其他有关部门职责范围内的重大事故隐患,未及时移送的。

c.未按规定及时处理事故隐患举报的。

d.对督办的重大事故隐患,未督促生产经营单位进行整改的。

7.1.2　危险化学品企业事故隐患排查治理实施导则

2012 年 8 月 7 日,国家安全生产监督管理总局下发《关于〈危险化学品企业事故隐患排查治理实施导则〉的通知》。该通知指出:隐患的排查治理是安全生产的重要工作,企业安全生产标准化管理要素的重点内容,是预防和减少事故的有效手段。为了推动和规范危险化学品企业隐患排查治理工作,国家安全生产监督管理总局制订了《危险化学品企业事故隐患排查治理实施导则》。危险化学品企业需高度重视并持之以恒地做好隐患排查治理工作,并按照《导则》要求,建立隐患排查治理的工作责任制,完善隐患排查治理制度,规范各项工作程序,实时监控重大隐患,逐步建立隐患排查治理的常态化机制,强化《导则》的宣传培训,确保企业员工对《导则》内容的了解,并积极参与到隐患排查治理的工作中来。

《危险化学品企业事故隐患排查治理实施导则》分为总则、基本要求、隐患排查方式及频次、隐患排查内容、隐患治理 5 个内容。

1) 总则

①为了切实地落实企业生产主体责任,促进危险化学品企业建立事故隐患排查治理的长

效机制,及时排查、消除事故隐患,有效防范和减少事故,根据国家相关的法律、法规、规章及标准,制订实施导则。

②制订的导则适用于生产、使用和储存危险化学品企业的事故的排查治理工作。

③在导则中所谓的事故隐患,是指不符合安全生产相关的法律、法规、规章、标准、规程和安全生产管理制度,或者因其他因素在生产经营活动中存在可能导致事故发生或者事故扩大的危险状、人的不安全行为和管理上的缺陷,其主要包括如下内容。

a.作业场所、设备设施、人的行为即安全管理等方面存在的不符合国家安全生产法律法规、标准规范和相关规章规定的情况。

b.法律法规、标准规范和相关制度为明确规定的,但企业危害识别过程中识别出作业场所、设备设施、人的行为即安全管理等方面存在的缺陷。

2)基本要求

①隐患排查治理是企业安全管理的基本工作,是企业安全生产标准化风险管理要素的重点内容,应按照"谁主管、谁负责"和"全员、全程、全方位、全天候"的原则。明确职责,建立和健全企业隐患排查治理制度和保证制度有效执行的管理体系,努力做到及时发现、及时消除各类安全生产。

②企业应建立和不断完善隐患排查机制,其主要包括:

a.企业主要负责人对单位事故隐患排查治理工作全面负责,保证隐患治理的资金投入,及时掌握重大隐患治理情况,治理重大隐患前要督促有关部门制订有效的防范措施,并明确分管负责人。其他负责人对其分管部门和单位的隐患排查治理工作负责。

b.隐患排查要做到全面覆盖、责任到人,定期排查和日常管理相结合,专业排查和综合排查相结合,一般排查和重点排查相结合,确保横向到边、纵向到底、及时发现、不留死角。

c.隐患治理要做到方案科学、资金到位、治理及时、责任到人、限期完成。能立即整改的隐患必须立即整改,无法立即整改的隐患,治理前要研究制订防范措施,落实监控责任,防止隐患发展为事故。

d.技术力量不足或者危险化学品生产管理经验欠缺的企业需聘请有经验的化工专家或者注册安全工程师指导企业开展隐患排查治理工作。

e.涉及重点监管危险化工工艺、重点监管危险化学品和重大危险源的危险化学品生产、储存企业应定期开展危险与可操作性分析,用先进的科学管理方法系统排查事故隐患。

f.企业要建立和健全隐患排查治理管理制度,包括隐患排查、隐患监控、隐患治理、隐患上报等。

隐患排查要按专业和部位,明确排查的责任人、排查内容、排查频次和登记上报的工作流程。

隐患监控要建立事故隐患信息档案,明确隐患的级别,按照"五定"(定整改方案、定资金来源、定项目负责人、定整改期限、定控制措施)的原则,落实隐患治理的各项措施,对隐患治理情况进行监控,保证隐患治理按期完成。

隐患治理要分类实施:能够立即整改的隐患,必须确定责任人组织立即整改,整改情况要安排专人进行确定。无法立即整改的隐患,要按照评估—治理方案论证—资金落实—限期治理—验收评估—销号的工作流程,明确每个工作点的责任人,实行闭环管理。重大隐患治理工作结束后,企业应组织技术人员和专家对隐患治理情况进行验收,保证按期完成和资料效果。

隐患上报要按照安全监管部门的要求,建立与安全生产监督管理部门隐患排查治理信息管理系统联网"隐患排查治理信息系统",每个月将开展的隐患排查治理的情况和存在的重大事故隐患上报当地安全监管部门,发现无法立即整改的重大事故隐患,应当及时上报。

g.要借助企业信息化系统对隐患排查、监控、治理、验收评估、上报情况实行建档登记,重大隐患要单独建档。

3) 隐患排查方式及频次

(1)隐患排查方式

①隐患排查工作可与企业各专业的日常管理、专项检查和监督检查等工作相结合,科学整合下述方式进行:

a.日常隐患排查。

b.综合隐患排查。

c.专业性隐患排查。

d.季节性隐患排查。

e.重大活动及节假日前隐患排查。

f.事故类比隐患排查。

②日常隐患排查是指班组、岗位员工的交接班检查和班中巡回检查,以及基层单位领导和工艺、设备、电气、仪表、安全等专业技术人员的日常性检查。日常隐患排查要加强对关键装备、要害部位、关键环节、重大危险源的检查和巡查。

③综合性隐患排查是指以保障安全生产为目的,以安全责任制、各项专业管理制度和安全生产管理制度落实情况为重点,各有关专业和部门共同参与的全面检查。

④专业性隐患排查主要是指对区域位置即总图布置、工艺、设备、电气、仪表、储存、消防和公用工程等系统分别进行的专业检查。

⑤季节性隐患排查是指根据季节的特点开展的专项隐患检查,主要包括:春季以防雷、防静电、防解冻泄漏、防解冻坍塌为重点;夏季以防雷暴、防设备容器高温超压、防台风、防洪、防暑降温为重点;秋季以防雷暴、防火、防静电、防凝保温为主;冬季以防火、防爆、防雪、防冻防凝、防滑、防静电为主。

⑥重大活动及节假日前隐患排查主要是指在重大活动及节假日前,对装置生产是否存在异常状况和隐患、备用设备状态、备品备件状态、生产及应急物资储备、保运力安排、企业保卫、应急工作等进行检查,特别是对节假日期间干部带班值班、机电仪保运及紧急抢修力量安排、备件及各类物资储备和应急工作进行重点检查。

⑦事故类比隐患排查是对企业内和同类企业发生事故后的举一反三的安全检查。

(2)隐患排查频次确定

①企业进行隐患排查的频次应满足以下内容。

a.装置操作人员现场巡检间隔不得大于 2 小时,涉及"两重点一重大"的生产、储存装备和部位的操作人员现场巡检间隔不得大于 1 小时,宜采用不间断巡检方式进行现场巡检。

b.基层车间直接管理人员,电气、仪表人员每天至少两次对装置现场进行相关的专业检查。

c.基层车间应结合岗位责任制检查,至少每周组织一次隐患排查。并与日常交接班检查和班中巡回检查中发现的隐患一起进行汇总。基层单位应结合岗位责任制检查,至少每月组织一次隐患排查。

d.企业应根据季节性特征及本单位的生产实际,每季节开展一次有针对性的季节性隐患排查。重大活动及节假日前必须进行一次隐患排查。

e.企业至少每半年组织一次,基层单位至少每季度组织一次综合性隐患排查和专业隐患排查,两者可结合进行。

f.当获知同类企业发生伤亡及泄漏、火灾爆炸事故时,应举一反三,及时进行事故类比隐患排查。

g.对于区域位置、工艺技术等不经常发生变化的,可根据实际变化情况确定排查周期,如果发生变化,应及时进行隐患排查。

②当发生以下情况之一时,企业应及时组织进行相关专业的隐患排查。

a.颁布实施有关新的法律法规、标准规范或者原有适用法律法规、标准规范重新修订。

b.组织机构和人员发生重大调整。

c.装置工艺、设备、电气、仪表、公用工程或操作参数发生重大改变的,应按变更管理要求进行风险评估。

d.外部安全生产环境发生重大变化。

e.发生事故或对事故、事件有新的认识。

f.气候条件发生大的变化或者预报可能发生重大自然灾害。

③涉及"两重点一重大"的危险化学品生产、储存企业应每五年至少开展一次危险操作性分析。

4)隐患排查内容

(1)隐患排查主要内容

根据危险化学品企业的特点,隐患排查包括但不限于以下内容。

①安全基础管理。

②区域位置和总图布置。

③工艺。

④设备。

⑤电气系统。

⑥仪表系统。

⑦危险化学品管理。

⑧储运系统。

⑨公用系统。

⑩消防系统。

(2)安全基础管理

①安全生产管理机构建立和健全情况、安全生产责任制和安全管理制度建立和健全及落实情况。

②安全投入保障情况,参加工伤保险、安全生产责任险的情况。

③安全培训与教育情况,主要包括:企业主要负责人、安全管理人员的培训及持证上岗情况;特种作业人员的培训及持证上岗情况;从业人员安全教育和技能培训情况。

④企业开展风险评价与隐患排查治理情况,主要包括:法律、法规和标准的识别和获取情

况;定期和及时对作业活动和生产设施进行风险评价情况;风险评价结果的落实、宣传及培训情况;企业隐患排查治理制度是否满足安全生产需要。

⑤事故管理、变更管理及承包商的管理情况。

⑥危险作业和检维修的管理情况,主要包括:危险作业活动前的危险有害因素识别与控制情况;动火作业、进入受限空间作业、破土作业、临时用电作业、高处作业、断路作业、吊装作业、设备检修作业和抽堵盲板作业等危险性作业的作业许可管理与过程监督情况;从业人员劳动用具和器具的配置、佩戴与使用情况。

⑦危险化学品事故的应急管理情况。

(3)区域位置和总图布置

①危险化学品生产装置和重大危险源储存设施与《危险化学品安全管理条例》中规定的重要场所的安全距离。

②可能造成水域污染的危险化学品危险源的防范情况。

③企业周边或作业过程中存在的易由自然灾害引发事故灾难的危险点排查、防范和治理情况。

④企业内部重要设施的平面布置及安全距离,主要包括:控制室、变配电所、化验室、办公室、机柜以及人员密集区域或场所;消防站及消防泵房;空分装置、空压站;点火源;危险化学品生产与储存设施等;其他重要设施及场所。

⑤其他总图布置情况,主要包括:建构筑物的安全通道;厂区道路、消防道路、安全疏散通道和应急通道等重要道路的设计、建设与维护情况;安全警戒标志的设置情况;其他与总图相关的安全隐患。

(4)工艺管理

①工艺的安全管理,主要包括:工艺安全信息的管理;工艺风险分析制度的建立和执行;操作规程的编制、审查、使用与控制;工艺安全培训程序、内容、频次及记录的管理。

②工艺技术及工艺装置的安全控制,主要包括:装置可能引起火灾、爆炸等严重事故的部位是否设置超温、超压等检测仪表、声和或光报警、泄压设施和安全联锁装置等设施;针对温度、压力、流量、液位等工艺参数设计的安全泄压系统以及安全泄压措施的完好性;危险物料的泄压排放或放空的安全性;按照《首批重点监管的危险化工工艺目录》和《首批重点监管的危险化工工艺安全控制要求、重点监控参数及推荐的控制方案》的要求进行危险化工工艺的安全控制情况;火炬系统的安全性;其他工艺技术及工艺装置的安全控制方面的隐患。

③现场工艺安全状况,主要包括:工艺卡片的管理,包括工艺卡片的建立和变更,以及工业指标的现场控制;现场联锁的管理,包括联锁管理制度及现场联锁投用、摘除与恢复;工艺操作记录及交接班的情况;剧毒品部位的巡检、取样、操作与检维修的现场管理。

(5)设备的管理

①设备管理制度与管理体系的建立与执行情况,主要包括:按照国家相关法律法规制订或修订企业的设备管理制度;有健全的设备管理体系,设备管理人员按要求配备;建立和健全安全设施管理制度及台账。

②设备现场的安全运行状况,包括:大型机组、机泵、锅炉、加热炉等关键设备的联锁自保护及安全附件的设置、投用与完好状况;大型机组关键设备特级维护到位,备用设备处于完全备用状况;转动机组的润滑状况,设备润滑的"五定""三级过滤";设备状况监测和故障诊断状

况;设备的腐蚀防护状况,包括重点装置设备腐蚀的状况、设备腐蚀到位、工艺防腐措施、材料防腐措施等。

③特种设备的现场管理,主要包括:特种设备的管理制度及台账;特种设备的注册登记及定期检测检验情况;特种设备安全附件的管理维护。

(6)电气系统

①电气系统的安全管理,主要包括:电气特种工作人员的资格管理、电气安全管理相关的管理制度、规程的制订以及执行情况。

②供配电系统、电气设备及安全设施的设置,主要包括:用电设备的电力负荷等级与供电系统的匹配性;消防泵、关键装置、关键机组等特别重要的负荷供电;重要场所事故应急照明;电缆、变配电相关设施的防火防爆;爆炸危险区域内的防爆设备选型及安装;建构筑物、工艺装置、作业场所等的防雷防静电。

③电气设备、供配电线路及临时用电的现场安全状况。

(7)仪表系统

①仪表的综合管理主要包括:仪表相关的管理制度建立和执行情况;仪表系统的档案资料、台账管理;仪表调试、维护、检测、变更等记录;安全仪表系统的投用、摘除及变更管理等。

②系统配置主要包括:基本过程控制系统和安全仪表系统的设置满足安全稳定生产需要;现场检测仪表和执行元件的选型、安装情况;仪表供电、供气、接地与防护情况;可燃气体和有毒气体检测报警器的选型、布点及安装;安装在爆炸危险区域的仪表应满足的要求等。

③现场各类仪表的完好有效,检验维护及现场标志情况,主要包括:仪表及控制系统的运行状况稳定可靠,满足危险化学品生产的要求;按规定对仪表进行定期的检测和校准;现场仪表位号标志是否清晰等。

(8)危险化学品管理

①危险化学品的分类、登记与档案的管理,主要包括:按照标准对产品、所有中间产品进行危险性鉴别与分类,分类结果汇入危险化学品档案;按相关要求建立和健全危险化学品档案;按照国家有关规定对危险化学品进行登记。

②化学品安全信息的编制、宣传、培训以及应急管理,主要包括:危险化学品安全说明书和安全标签的管理;危险化学品"一书一签"制度的执行情况;24小时应急咨询服务或应急代理;危险化学品相关安全信息的宣传与培训。

(9)储运系统

①储运系统的安全管理情况主要包括:储罐区、可燃液体、液化烃的装卸设施、危险化学品安全储存管理制度以及操作、使用和维护规程制订及执行情况;储罐的日常和检维修管理。

②储运系统的安全设计情况主要包括:易燃、可燃液体及可燃气体的罐区,如罐组总容、罐组布置,防火隔离,消防道路、排水系统等;重大危险源罐区现场的安全监控装备是否符合相关要求;天然气凝液、液化石油气球罐或其他危险化学品压力或半冷冻低温储罐的安全控制及应急措施;可燃液体、液化烃和危险化学品的装卸设施;危险化学品仓库的安全储存。

(10)消防系统

①建设项目消防设施验收情况主要包括企业消防安全机构、人员设置与制度的制订,消防人员的培训、消防应急预案及相关制度的执行情况、消防运行系统的检测情况。

②消防设施与器材的设置情况,主要包括:消防站的设置情况,如消防站、消防车、消防人

员、移动式消防设备、通信等;消防水系统与泡沫系统,如消防水源、消防泵、泡沫液储罐、消防给水管道、消防管网等;油罐区、液化烃区、危险化学品罐区、装置区等设置的固定式和半固定式灭火系统;甲、乙类装置区、罐区、控制室、配电室等重要场所的火灾报警系统;生产区、工艺装置区、建构筑物的灭火器材配置;其他消防器材。

③固定式与移动式消防设施、器材和消防道路的现场状态。

(11)公用工程系统

①给排水、循环系统、污水处理系统的设置与能力能否满足各种状态下的需求。

②供热站及供热管道设备设施、安全设施是否存在隐患。

③空分装置、空压站的位置的合理性及设备设施的安全隐患。

5)隐患治理与上报

(1)隐患级别

事故隐患可按照整改难易及可能造成的后果的严重性,分为一般事故隐患和重大事故隐患。其中,一般事故隐患是指能够及时整改,不足以造成人员伤亡、财产损失的隐患。而重大事故隐患是指无法立即整改且可能造成人员伤亡、较大财产损失的隐患。

(2)隐患治理

①企业应对排查出的各级隐患。做到"五定",并将整改落实的情况纳入日常管理进行监督,及时协调在以后整改中存在的资金、技术、物资采购、施工等方面的问题。

②对一般事故隐患,由企业负责人或者有关人员立即组织整改。

③对于重大事故隐患,企业要结合自身的生产经营实际情况,确定风险可接受标准,评估隐患的风险等级。

④重大事故隐患的治理满足以下要求:当风险处于很高的风险区域时,应立即采取充分的风险控制措施,防止事故发生,同时编制重大事故隐患治理档案,尽快进行隐患治理,必要时立即停产治理;当风险处于一般高风险区域时,企业采取充分的风险控制措施,防止事故发生,并编制重大事故隐患治理方案,选择合适的时机进行隐患治理;对于处于中风险区域的重大事故隐患,应根据企业自身的实际情况,进行成本-效益分析,编制重大事故隐患治理方案,选择合适的时机进行隐患治理,尽可能将其降低到低风险。

⑤对于重大事故隐患,由企业主要负责人组织制订并实施事故隐患治理方案。重大事故隐患治理方案应包括:治理的目标和任务;采取的方法的措施;经费和物资的落实;负责治理的机构和人员;治理的时限和要求;防止整改期间发生事故的安全措施。

⑥事故隐患治理方案、整改完成情况、验收报告等应及时归入事故隐患档案。隐患档案应包括以下信息:隐患名称、隐患内容、隐患编号、隐患所在单位、专业分类、归属职能部门、评估等级、整改期限等。事故隐患排查、治理过程中形成的传真、会议纪要、正式文件等,也应归入事故隐患档案。

(3)隐患上报

①企业应当定期通过"隐患排查治理信息系统"向所属地方安全生产监督管理部门和有关单位上报隐患统计汇总以及存在的重大隐患情况。

②对于重大事故隐患,企业除依照上述规定外,还需及时向安全生产监督管理部门和有关部门报告。重大事故隐患报告应当包括:隐患的现状及其产生的原因;隐患的危害程度和整改的难易程度分析;隐患的治理方案。

7.2　化工生产企业安全检查

安全检查是一种被广泛应用的方法,用来发现企业生产过程中存在的安全隐患,进而实施改进,从而避免可能发生的损失。对于企业来讲,建立一个有效的安全检查体系,能够帮助企业管理者以及员工及时发现作业现场存在的事故隐患,并迅速地做出改进,降低或者消除事故隐患,减少损失,从而保持企业的平稳发展。

7.2.1　安全检查规定

国家安全生产监督管理总局为了规范危险化学品的生产、储存、运输、使用,保障企业的安全生产,陆续颁发了一系列有关危险化学品生产、储存、运输、使用的规章、规范标准。这些法律法规、规章规定以及标准,是进行安全检查的依据。具体规定如下:

①安全检查的主要任务是进行危害识别,查找不安全因素和不安全的行为,提出消除不安全因素的方法和纠正不安全行为的措施。

②安全检查主要包括安全管理检查和现场安全检查两个部分。

a.安全管理检查的主要内容包括:检查各级领导对安全生产工作的认识,各级领导研究安全工作的记录、安委会工作会议纪要等;安全生产责任制、安全生产管理制度等修订完善情况、各项管理制度落实的情况、安全基础工作落实情况等;检查各级领导和管理人员的安全法规教育和安全生产管理的资格教育是否达到要求;检查员工的安全意识、安全知识以及特殊作业的安全技术知识教育是否达标。

b.现场安全检查主要内容包括:按照工艺、设备、储运、电气、仪表、消防、检维修、工业卫生等专业的标准、规范、制度等,检查生产、施工现场是否落实,是否存在安全隐患;检查企业各级机构和个人的安全生产责任制是否落实,检查员工是否认真执行各项安全生产纪律和操作规范;检查生产、检修、施工等直接作业环节各项安全生产保证措施是否落实。

③安全检查应按照国家现行规范、标准和单位有关规定进行。

④安全检查分为外部检查和内部检查。外部检查是指按照国家职业安全卫生法规要求进行的法定监督、检查和政府部门组织的安全督查,内部检查是单位内部根据生产情况开展的计划和临时性自查活动。

⑤内部检查主要有综合性检查、日常检查和专项检查等形式。

⑥企业应当认真对待各种形式的安全检查,正确处理内外安全检查的关系,坚持综合检查、日常检查和专项检查相结合的原则,做到安全检查制度化、标准化、经常化。

⑦对法定的检测检查和相关部门的督查,企业应积极配合,认真落实规范要求。按照规范标准定期地开展法定检测工作。

⑧开展安全检查,应由企业的直属负责领导负责参加安全检查,提出明确的目的和计划。并且参加安全检查的人员需熟悉有关标准和规范。

⑨安全检查应依据充分、内容具体,必要时编制安全检查表,按照安全检查表科学、规范地开展检查活动。

⑩安全检查应认真填写检查记录,做好安全检查总结,并按要求报主管部门。对查出的隐

患和问题,检查组应将被检单提交相关部门。

⑪被查出的问题应立即落实整改,暂时不能整改的项目,除采取有效防范措施外,应纳入计划,落实整改。对确定为隐患的管理项目,应按照《事故隐患治理项目管理规定》执行。

⑫对隐患和问题的整改情况,应进行复查,跟踪督促落实,形成闭环管理。

7.2.2 化工生产企业安全检查要求

1)安全管理检查范围及内容

①各级安全生产责任制的落实情况,包括:经理(厂长)、副经理(副厂长)、三总师等领导安全职责;各专业职能部门的安全职责;车间(基层)负责人安全职责。

②安全管理制度执行情况,包括以下内容:安全教育制度;事故管理制度;用火管理等直接作业环节安全管理制度;关键装置和重点生产部位安全管理制度;事故隐患治理制度;外来务工人员管理制度。

③安全管理基础工作,包括:安全管理部门基础工作,安全管理制度的制定,各类安全管理台账;安全考核、奖惩情况;安全生产作业许可证管理情况。

2)安全管理检查的方式

①查阅国家发布的有关安全生产的法律、法规。

②查阅上级下发的有关安全生产的文件、技术标准等。

③查阅本单位印发的安全生产文件、会议纪要、规章制度等。

④查阅经理(厂长)办公研究安全生产的会议记录、安全生产委员会会议记录。

⑤查阅生产调度会会议记录。

⑥查阅危险点检查记录、隐患治理记录。

3)现场检查的范围及内容

①被检查单位厂容厂貌。

②抽查关键装置、要害部位、重点车间、重点设备、重点实验室、重点辅助车间、安全装置与警示标志。

③抽查生产现场状况、现场作业和现场巡检。

④抽查油品罐区、液化气罐区、装卸区、码头及其安全设施。

⑤抽查工艺纪律、操作纪律执行情况。

⑥抽查锅炉、压力容器、压力管道、安全附件、关键机组、机泵的安全管理。

⑦抽查可燃气体报警器、有毒气体报警器、仪表联锁保护系统的安全管理。

⑧抽查变配电管理"三三二五制"执行情况。

⑨抽查各类固定、半固定消防设施、消防装备、消防车辆、消防道路管理。

⑩抽查施工作业现场的高处作业、临时用电作业、起重作业、焊接作业、放射源探伤作业等施工机具作业管理。

4)现场询问

①随机找现场人员,包括车间负责人、班组长、操作工,询问或核实安全生产情况。

②召开小型一线干部、职工基层人员安全生产情况座谈会。

③访问、倾听基层人员反映的安全生产和职业健康问题。

5）现场抽样查证或演练

①抽样查证关键岗位人员的持证上岗情况和安全培训情况。

②抽样查证关键岗位的安全操作规程和操作记录。

③抽样查证关键岗位的安全技术装备完好状态（如灭火器、消防栓、水喷淋系统、静电测试仪、电视监控和报警系统等）和检验有效期。

④抽样查证压力容器、安全阀状态及检验合格证。

⑤抽样查证事故应急救援预案和关键岗位人员演练情况，抽样查证防护用品及消防器材掌握情况。

⑥必要时临时进行消防演练、救护演练或事故应急预案演习。

6）生产安全事故隐患的确定

①危害识别、风险评价和风险控制工作开展情况。

②各级生产安全事故隐患的确定和治理情况。

③正确判定目前存在的生产安全危害以及限期整改的要求。

7.2.3 化工生产企业安全检查相关事项

在化工生产企业中由于易燃、易爆、有腐蚀性、有毒的物质多，高温、高压设备多，工艺复杂、操作过程要求严格，安全生产检查作为安全管理工作中一项重要内容，它不仅可以消除隐患，防止事故发生，还可以发现化工企业生产过程中的危险因素，以便有计划地制订纠正措施，保证生产的安全，所以说，安全检查是保证企业安全生产的一个重要手段，运用得好可以起到事半功倍的效果。

1）安全生产检查的类型

安全检查通常按以下的 6 种类型开展，具体如下：

①定期安全检查。通过有组织、有计划、有目的的形式，固定日期和频次进行检查来发现并解决问题。

②经常性安全检查。通过采取日常的巡视方式，经常地对各个生产过程进行预防检查，及时发现并消除隐患。

③季节性安全检查。针对不同的季节变化，按照事故发生的规律，重点对冬季防寒、防火、防煤气中毒，夏季防暑降温、防汛防雷电等进行检查。重大节日前后职工忙于过节，注意力不集中，难免造成诸多不安全的因素，必须严格检查并杜绝安全隐患。

④专项检查。对某些专业或专项问题以及某些部位存在的普遍问题，进行单项的定期或定量检查。通过检查发现问题，制订整改方案，及时进行技术改造。

⑤综合性大检查。一般主管部门或公司督查组对全公司各单位进行综合的检查。

⑥车间、班组、员工等的自查。车间人员对现场了如指掌，工作过程中有什么异常情况、安全隐患都能及时发现，开展车间安全自查，保证事故隐患在第一时间得到整改，维持生产的正常进行。

2）安全生产检查内容之"五查""五看"

（1）查设备，看安全保护措施是否到位，有无故障和异常

①各类升降设备（电葫芦、卷扬机、升降机等）的完好性。

②锅炉等压力容器及安全附件运行是否完好、是否在有效期。

③电梯的可靠性、运行情况及有效期。

④厂内交通工具的安全运行(是否带阻火器、按照指定路线行驶等)。

⑤各类用电设备有无故障或缺陷及其防爆状况。

⑥移动式电动设备有无漏电保护装置。

⑦各类转动设备运行状况是否正常等。

⑧报警设施、气体探测设施的可靠性。

(2)查物料,看存用是否符合标准,有无泄漏和包装异常

①原物料储存位置、储存量是否符合要求,是否有防暑降温或防冻措施。

②物料储存有无泄漏现象等,易制毒品、剧毒品的储存、领取是否按规定程序执行。

③生产区储罐存放物料是否超量,温度是否在正常范围内。

④库房物料储存是否符合规定要求。

⑤气瓶的存放及使用是否符合规范要求。

⑥研发、经管部门的化学试剂的存放是否规范。

(3)查管道,看是否完好无损,有无跑冒滴漏和损坏。

①各类放料、抽料临时管线连接的可靠性。

②防静电跨接完好情况。

③各排空阀、呼吸阀、安全阀是否正常。

④压力表、真空表、温度计等计量器的完好情况。

⑤各类管线有无跑冒泡滴漏现象。

⑥冷、热管线的保温是否完好。

⑦检查地沟等地下空间的含氧量、有无气体的浓度是否符合要求。

(4)查工艺,看是否按规程操作,有无明显偏差和违规

①操作是否遵守安全操作规程。

②是否严格执行岗位操作规程。

③是否严格控制工艺指标。

④是否认真记录生产过程。

⑤工作器具是否定制化管理。

⑥岗位有无使用物料的安全数据说明书并进行学习。

⑦是否认真进行巡回检查。

⑧是否严格交接班。

(5)查人员,看是否按要求在职履责,有无违纪现象

①人员的安全意识。

②是否按要求佩戴劳动用具,着装是否整齐。

③是否违章操作、野蛮操作。

④员工是否做到"四懂三会",正确操作设备。

⑤是否遵守劳动纪律,不离岗、睡岗、单岗或做与生产无关的事。

⑥是否酒后上岗,是否疲劳上岗。

⑦上岗是否不携带火种、不接打手机、不上网或玩游戏。

⑧进行特殊作业是否落实安全防护措施并办理特殊作业许可证。

3）安全生产检查需要"三个纠正"

安全生产检查的本质是安全。对于企业员工来讲，思想是人的本质，从根本上去纠正不正确、不规范的思想和行为，也能有效地防止事故发生，保证安全生产。

（1）纠正员工的麻痹思想

有些员工在实际生产过程中，对安全生产的重要性的认识不够，对安全措施和安全规定感到麻烦，认为多此一举，存在着麻痹思想和侥幸心理，不遵守操作规程，不按安全要求操作，或者当生产与安全出现冲突时，有重生产轻安全的思想，这往往会导致事故的发生。因此，要高度重视安全生产，纠正麻痹思想，牢固树立安全生产第一的思想，实行安全优先的原则，确保生产目标的安全实现。

（2）纠正想当然的思想

在生产作业中经常有习惯性违章的现象，出现习惯性违章的人员，大多是老员工。由于习惯性违章，致使错误的理念顽固地延续下去，正确的操作得不到执行，也就是说违章得不到纠正，隐患一直存在。根据因果关系原则，事故的发生是许多因素相互影响连续发生的最终结果，只要有诱发事故的因素存在，发生事故就是必然的，只是时间早迟的问题。这种习惯性违章是导致事故发生的必然因素，因此，必须纠正和杜绝想当然的习惯，养成良好的行为习惯和操作习惯。

（3）纠正拖拉推脱的作风

安全无小事，一个小的隐患得不到及时的整改，就可能成为一起大事故的导火索。安全工作的中心就是防止不安全行为，消除设备的物质不安全状态，中断事故连锁的进程，从而避免事故的发生。对安全检查中发现的隐患进行积极有效的整改，就是中断事故进程，消除事故的可能性。拖拉、推诿的工作作风只能导致隐患继续存在得不到整改，使事故的苗头得不到遏制，条件一旦具备，事故就会发生。因此，必须纠正拖拉推脱的作风，提高执行行为，树立雷厉风行的工作作风。

7.3　化工生产企业事故隐患治理

现代化工企业生产过程中，大多具有高温、高压、深冷、连续化、自动化、生产装置大型化等特点，还具有有毒有害、容易发生职业病危险的特点，与其他行业相比，化工生产各个环节具有很多不确定的因素，所以易发生严重的后果。因此，化工生产企业应及时排查治理事故隐患，保障设备设施的安全运行。

7.3.1　事故隐患治理方法

1）危害识别和风险评价工作存在的问题原因

（1）岗位员工工作活动的危害因素识别过于粗略

如何对作业活动进行分类，是能否充分识别危害因素的前提条件，如果在识别危害因素时对作业活动的划分非常粗略，就可能造成部分危害因素被遗漏情况。部分岗位员工在识别本岗位的危害因素时，未能仔细分析作业活动每个过程中存在的危害因素，只对比较集中出现的情况进行分析，例如在分析储罐的有限空间危害因素时，只是分析了中毒、窒息、高处坠落等风险,未能识别出还存在的物体打击、火灾爆炸等风险。

（2）危害识别与评价人员不能做出客观评价

一般评价的程序是：首先是各部门识别出本部门的危害因素，然后由安全管理人员汇总，部门组织评审，确定评价方法和提出削减措施，最后由单位组织汇总、评价和制定评价结论。可见，危害因素识别最基础的工作是由各个部门来完成。但是评价人员虽然有相关学习，但是常常因为其对相关专业知识的掌握还不够全面，在评价过程中运用的评价方法过于单一，提出的整改措施也仅仅停留在人的不安全行为层面上，对于物的不安全状态和本质安全评价相对较少。

（3）未识别出非常规活动的危害因素

所谓非常规活动，应包括两种类型：一种是异常活动，如设备检修、设备停机、设备关机等；一种是紧急情况，如压力容器减压阀失灵可能导致爆炸的发生，动用明火可能导致火灾的发生，金属焊接、切割产生的高温焊渣可能导致火灾的发生等。非常规活动中的危害因素，是进行危害识别时最容易忽略的内容，而根据近年来国内安全事故的原因因素统计，相当一部分安全事故都是在非常规活动中发生。识别出非常规活动中的危害因素，对安全事故的预防、规避事故风险都有重要的意义。

（4）未考虑员工心理因素方面的危害因素

从安全心理学的角度来看，可能成为事故隐患的心理因素大致包括：侥幸心理、惰性心理、麻痹心理、逆反心理、逞能心理、凑趣心理以及冒险心理等。

在组织识别危害因素时，对机械设备、化学物质、噪声等类别危害关注较多，但对员工心理方面的危害因素，因其具有较强的抽象性、主观性和隐蔽性，难以发现而关注较少，实际上心理因素导致的风险是比较大的，可能引发的安全事故后果也是相当严重的。

（5）未考虑以往发生过的事故案例

曾经发生安全事故的作业活动和同行业曾发生过的安全事故，在危害识别时应特别关注，但由于各部门人员变化频繁、事故记录不全，没有专门人员收集整理本单位曾发生过的安全事故，也没有收集同行业、相似企业的各类事故案例，而仅仅关注了近期可查的安全事故，因此出现安全信息获取、沟通不畅，不了解同类或相似企业活动曾发生过的安全事故。

2）危害识别和风险评价工作改进措施

在今后的危害识别和风险评价工作中，针对存在的问题，需要采取以下改进措施：

（1）岗位员工重视危害识别和风险评价工作，细分作业活动

①要提高员工对危害识别和风险评价的重视，把岗位危害识别和评价工作当作自身的一部分认真对待。设计的各专业人员，要从设计本质安全化角度出发来分析自身岗位的危害。采购的专业人员，要从设备与设施的本质安全化、管理缺陷和员工不安全行为上进行危害识别。

②尽快可能细分作业活动，挖掘出隐含在作业活动细节中的危害因素。从推行职业健康安全管理体系的实践来看，对细节问题的把握程度，决定了危害因素识别的充分性，也影响了风险评价、风险控制等后续活动是否有效进行。

（2）加强对各部门危害评价人员的培训

危险源识别是一项专业性强的工作，识别者不仅要熟悉体系文件的要求，还要了解电气、机械、化学、心理等相关的专业知识。因此应加强对各部门危害评价人员的培训，确保其能力能达到充分识别危险源的要求。每次危害因素识别前，应由安全管理人员，对识别人员进行体系文件和相关知识的培训。

（3）重点关注非常规作业

从总体状态划分来看，可以将其分为正常、异常和紧急3种状态。其中常规作业为正常状态，非常规作业包括异常和紧急状态两种。所谓异常状态包括设备故障维修、定期保养。紧急状态包括突然的停电或供电、火灾、爆炸、化学品泄漏等。所以在危害识别时，应充分考虑该工种、岗位在非常规状态下的风险，将其列入识别的目录，以便采取切实可行的控制措施。

（4）充分考虑员工的心理因素

危害因素识别不仅仅考虑看得见的、摸得着的设备、工具等因素，还要考虑员工的心理因素，遗漏了心理性危险源的识别也是不充分的。在进行危害识别时，应当结合岗位的特点，分析对员工心理素质方面的要求，并通过与员工交流，了解员工的心理特点，把心理因素纳入识别的目录中。所以在危害识别时应该识别"未仔细检查"这一因素。

（5）充分考虑以往发生过的事故

曾经发生过的事故留给人们的是惨痛的教训，每件事故后都应该分析事故并提出对应的预防方案。在进行危害因素识别时，查找安全事故台账，明确曾经引发事故的安全隐患，并将其列入危害因素清单。同时，还应积极通过政府安全生产监督管理部门等渠道，了解同类企业曾发生的安全事故，并以此为参考，充分认识本岗位的危害因素。

总之，在进行危害识别时，应充分考虑各方面的因素，尽量避免危害的遗漏，保证识别的充分性，为安全生产作业打下坚实的基础。

7.3.2　事故隐患治理项目管理规定

1）总则

①为规范事故治理项目的管理，根据《安全生产法》等法律法规的要求，制订相应的规定。

②事故隐患治理项目应纳入生产企业单位年度投资计划进行管理。

③制订的规定适用于生产企业单位的事故隐患治理项目。

2）隐患项目的界定

下列固定资产投资项目，可以定位隐患项目。

①生产设施和公共场所存在的不符合国家和单位安全生产法规、标准、隐患。

②可能直接导致人员伤亡、火灾爆炸造成事故扩大的生产设施、安全设施

③可能造成职业病或者职业中毒的隐患。

④生产企业单位下达重大隐患项目整改通知书要求治理的隐患。

⑤预防可能造成事故灾害扩大的固定资产投资项目。

⑥新投资的项目，从项目的验收后三年后发现的问题，原则上不作为隐患项目。

⑦通过设备更新、装置正常检维修解决的问题，不得列入隐患项目。

3）隐患项目的决策程序

①隐患项目决策程序包括隐患评估、项目申报、项目审批和计划下达。

a.隐患评估应由其他领导主管、职能部门和具有实际工作经验的工程技术人员组成评估小组或单位认为有资质的评估机构，以国家和行业安全法规、标准、规范以及单位安全生产监督管理制度为依据，提出评估整改意见或作出评价报告。

b.隐患评估内容应包括现状分析、存在的主要问题、风险以及危害和结论性意见等。

c.经评估确定的隐患应编报隐患项目的可研报告,主要包括:不同治理方案的比较和选择,具体治理工程量、治理方案的安全性和可靠性分析、投资概算、治理进度安排等。

d.投资概算应按企业相关规定编制。

e.在隐患评估、可研报告的基础上,按照企业编制的年度固定资产投资项目计划的总体要求,结合本企业的实际情况,提出隐患项目的治理计划以及投资计划,并列入下一年的固定资产投资项目计划中。企业的隐患项目及投资计划应在每年 9 月底前,分别报企业财务计划部、企业经营管理部和安全环保局。

f.隐患项目的审批应按企业固定资产投资决策程序及管理办法程序执行。

②限额以上的隐患项目,应按有关规定的程序报企业安全环保局和企业经营管理部门审查后,由财务计划部按规定资产投资决策批准项目建议书和可执行性研究报告。

③投资在限额以下的隐患项目,企业将可行性研究报告报安全环保局,同企业经营管理部审批,并抄报财务计划部。

④经由上述程序确定的隐患项目,由安全环保局提出年度隐患项目资金补助计划,经企业有关职能部门会签后,以企业单位文件下发。

4)隐患项目的计划管理

①隐患项目列入直属企业当年固定资产投资项目计划,并报企业相关职能部门。

②企业计划部门应严格按企业固定资产决策程序及管理办法申报隐患项目,不得将隐患项目化整为零,改变审批渠道。隐患项目由企业安全部门对口管理。

③凡是企业批准列入计划的隐患项目,企业要认真按照《隐患治理项目限期整改责任制》的要求组织力量实施,做好当年需要实施完成的任务,且向安全环保局专题报告。

④在应急状态下必须进行整改的隐患项目,各个企业可在进行治理的同时申报隐患项目。对不按固定资产投资项目决策程序要求,先开工后报批的隐患项目,企业不得不予补批。

⑤凡是未列入固定资产投资项目计划,又未经企业有关部门审查的隐患项目,企业可以不予立项。

5)隐患项目的分级监管

①根据隐患项目的重要程度及投资规模,按照总部监督、分级管理、企业负责的三级监管原则,凡列入企业年度投资计划的隐患项目由安全环保局提出总部重点监督项目、总部部门重点监管项目和企业负责监管项目。

②总部重点监管项目负责人为总部领导,主管部门分为总部相关职能管理部门,督查部门为安全环保局。

③总部部门监管项目负责人为项目所在企业的领导,主管部门分别为总部相关职能管理部门,督查部门为安全环保局。

④企业负责监管项目由企业相关部门负责组织实施,企业安全监督管理部门监督检查。

⑤属于企业级隐患治理项目,由企业自行立项治理。

6)隐患项目的实施管理

(1)隐患的实施管理按以下要求进行

①隐患治理项目及资金计划下达后,企业应按照单位固定资产投资项目实施管理办法组织实施。

②企业应建立隐患治理工作例会制度,定期召开隐患治理项目专题会,施工部门确保施工进度,财务部门确保资金到位,安全监督管理部门对隐患治理项目工作进行全过程监督管理,

确保按时完成隐患治理年度计划。

③企业对隐患项目的管理,应做到"四定"(定整改方案、定资金来源、定项目负责人、定整改期限)。企业主要负责人对隐患项目的实施负有主要责任,企业分管领导对隐患整改方案负责。

④不能及时治理的隐患,企业应采取切实有效地安全措施加以监护。

⑤隐患治理项目及资金计划下达后,企业按上月份列入隐患治理计划的隐患项目的实际进度情况实施。

⑥企业下达隐患项目及资金计划后,企业不得擅自变更项目、投资、完成期限或将资金用于其他地方。

⑦企业安全环保局负责隐患项目实际情况的监督检查。

(2)隐患项目的验收考核

①重大隐患治理项目竣工验收,由安全环保局组织或委托企业组织验收。

②在验收隐患治理项目后,企业应将竣工验收报告、竣工验收表连同补助项目的财务决算一并上报企业安全环保局。

③项目验收合格后,企业生产、设备部门应制订相应的规章制度,组织操作人员学习,纳入正常的维护管理。

④企业隐患项目完成情况,列入企业年终安全评比、考核兑现内容。未能按时完成治理任务的企业将被扣分,因隐患整改不力造成事故的将追究有关人员责任。

思考与习题七

一、简答题

1.隐患排查的内容包括什么?

2.编制安全检查表的主要依据是什么?

3.化学品安全信息的编制、宣传、培训和应急管理,主要包括哪些内容?

二、判断题

1.隐患是指物的危险状态、人的不安全行为和管理上的缺陷。　　　　　　(　　)

2.隐患排查治理是企业安全管理的基础工作,是企业安全生产标准化风险管理要素的重点内容。　　　　　　(　　)

3.属地负责人是安全隐患排查、整改、落实工作的第一责任人。　　　　　(　　)

4.重大活动及节假日前的隐患排查不是必须的。　　　　　　(　　)

5.风险矩阵是由隐患导致事故的后果严重性,与隐患可能引发事故的频率共同决定的。
　　　　　　(　　)

6.集团将隐患定义为四级。　　　　　　(　　)

7.涉及"两重点一重大"的生产、储存装置和部位的操作人员现场巡检间隔不得大于2小时。　　　　　　(　　)

第 **8** 章
化工安全评价

随着我国国民经济的飞速发展,各类适应市场需求的大型、特大型化工项目开始上线,企业对于安全生产的要求也越来越高,这就使得安全评价(Safety Assessment)显得格外重要。发达国家很早就开展了安全评价工作。道化学公司于 20 世纪 60 年代开始应用其开发的物质系数作为系统安全工程的评价方法。在 20 世纪 70 年代末,我国在化工行业开始应用系统安全工程的危险分析和评价方法。1989 年化工部职业安全卫生研究院完成了化工部的研究课题《光气及光气化产品企业的安全评价》,并形成了国家标准。

8.1 安全评价概述

8.1.1 安全评价的概念及其分类

安全评价是一个以实现工程、系统安全为目的,应用安全系统工程原理和方法,对工程、系统中存在的危害因素进行识别与分析,判断工程、系统发生事故、职业危害的可能性及其严重程度,提出工程、系统安全技术防范措施和管理对策措施的过程。安全评价是安全系统工程的一个重要组成部分,也是实施安全管理的一种重要的技术手段,其最终目的是提出控制或消除危险、防止事故发生的对策,为确定系统安全目标,制订系统安全规划,实现最优化的系统安全奠定基础。

(1)根据工程、系统生命周期和评价的目的将系统安全评价分为安全预评价、安全验收评价、安全现状评价和专项安全评价

①安全预评价是根据建设项目可行性研究报告内容,分析和预测该建设项目可能存在的危险、有害因素的种类和程度,提出合理可行的安全对策措施及建议。安全预评价是在项目建设前应用安全评价的原理和方法对系统的危险性进行预测性评价。

②安全验收评价是在建设项目竣工验收之前、试生产运行正常后,通过对建设项目设施、设备、装置实际运行状况及管理状况的安全评价,查找出该建设项目投产后存在的危险、有害因素并确定其危险危害程度,提出合理可行的安全对策措施和建议。

③安全现状评价是针对某一生产经营单位总体或局部的生产经营活动的安全现状进行的

系统安全评价。通过评价查找其存在的危险、有害因素,确定危险程度,提出合理的安全对策措施及建议。

④专项安全评价是针对某一特定的行业、产品、生产方式、生产工艺或生产装置等存在的危险、有害因素进行的安全评价。该评价能确定危险程度,提出合理的安全对策措施及建议。

(2)根据评价结果类型可以分为定性安全评价和定量安全评价

①定性安全评价方法主要是根据经验和直观判断对生产系统的工艺、设备、设施、环境、人员和管理等方面的状况进行定性分析,安全评价结果是一些定性的指标,如是否达到了某项安全要求、危险程度分级、事故类别和导致事故发生的因素等。但定性安全评价方法往往依靠经验,带有一定的局限性,安全评价结果有时因参加评价人员的经验和经历等不同有一定的差异。

②定量安全评价方法是运用基于大的实验结果和广泛的事故资料统计分析获得的指标或规律数学模型,对生产系统的工艺、设备、设施、环境、人员和管理等方面的状况进行定性的计算,安全评价结果是一些定量的指标,如事故发生概率、事故伤害或破坏范围、危险性指数、事故致因因素的事故关联度或重要度等。定量安全评价方法获得的评价结果具有可比性,但往往需要大量的计算,而且对基础数据的依赖性很大。

8.1.2　安全评价的目的

安全评价的目的是查找、分析和预测工程系统中存在的危险危害因素及可能导致的危险危害后果和程度,提出合理可行的安全对策措施,指导危险源监控和事故预防,以达到最低事故率、最少事故损失和最优安全投资效益。其主要目的包括以下几个方面:

1)实现全过程的安全控制

在设计之前进行安全评价,其目的是避免选用不安全的工艺流程、危险的原材料以及不合格的设备、设施或当必须采用时提出降低或消除危险的有效方法。设计之后进行安全评价,其目的是查出设计中的缺陷和不足,及早采取预防和改进措施。系统建成后运行阶段进行安全评价,其目的是了解系统的现实危险性,为进一步采取降低危险性的措施提供依据。

2)为选择系统安全的最优方案提供依据

通过分析系统存在的危险源的数量及分布、事故的概率、事故严重程度,预测并提出应采取的安全对策措施等,为决策者和管理者根据评价结果选择系统安全最优方案提供依据。

3)为实现安全技术、安全管理的标准化和科学化创造条件

通过对设备、设施或系统在安全过程中的安全性是否符合有关技术标准和规范规定的评价,对照技术标准、规范找出存在的问题和不足,以实现安全技术和安全管理的标准化、科学化。

4)促进实现生产经营单位本质安全化

系统地从工程规划、设计、建设、运行等过程,对事故发生和事故隐患进行科学分析,针对事故发生和事故隐患发生的各种原因事件和条件,提出消除危险的最佳技术措施方案。特别是从设计上采取相应措施,实现生产过程的本质安全化,做到即使发生误操作或设备故障时,系统存在的危险因素也不会导致重大事故发生。

8.1.3　安全评价的内容和程序

1）安全评价的内容

安全评价的内容包括危险有害因素辨识与分析、危险性评价、确定可接受风险和制订安全对策措施。

通过危险有害因素辨识与分析，找出可能存在的危险源，分析它们可能导致的事故类型以及目前采取的安全对策措施的有效性和实用性。危险性评价是采用定量或定性安全评价方法，预测危险源导致事故的可能性和严重程度，进行危险性的分级确定。可接受风险是根据识别出的危险有害因素和可能导致事故的危险性以及企业自身的条件，建立可接受风险指标，并确定哪些是可接受风险，哪些是不可接受风险。根据风险的分级和确定的不可接受风险以及企业的经济条件，制订安全对策措施，有效地控制各类风险。在实际的安全评价过程中，上述四个方面的工作不能截然分开、孤立进行，而是相互交叉、相互重叠于整个管理工作中的。

2）安全评价的程序

安全评价的程序包括准备阶段、危险有害因素识别与分析、定性定量评价、安全对策措施及建议、评价结论及建议、编制安全评价报告。

8.2　国内化工企业的生产特点及安全现状

随着国内化工企业生产规模的扩大，以及安全管理理念的日益更新与完善，传统的安全管理机制与模式已经难以适应现化工企业安全管理的全面性需求。而安全评价法作为现代化工企业安全生产管理的重要组成部分，其具有预防与综合管理的双重功效，在改进危险化学品生产企业的安全管理水平方面有着重要的意义和作用。化工企业运用的安全评价法主要包括化工设计与生产危险识别、潜在风险分析、安全评价生产与管理资料收集、现场安全检查、安全评价报告的编制、审核等诸多内容。在化工企业的安全管理中能否认真贯彻和执行安全评价法，将成为决定安全控制措施可行性和有效性的重要因素。

8.2.1　安全文化欠缺

在世界化工领域，我国化工企业的起步相对较晚，尚未形成系统的安全管理体系，这也是制约我国化工企业长期发展和进步的关键因素。由于部分化工企业片面追求高产值和经济效益，而使安全管理未能得到足够的重视。在化工企业的安全管理中必须结合自身特点，逐步构建具有企业特色的安全文化体系，否则难以将安全管理工作真正落到实处。另外，我国化工企业整体生产技术水平落后、人员素质较低、生产人员安全意识淡薄等客观因素，也是造成化工企业安全文化构建不完善的客观影响因素。虽然国内化工企业积极借鉴和学习了国外先进的安全管理理念与模式，但是安全文化的滞后注定了先进的安全管理方式难以在短时间内得到有效实施。

8.2.2　相关法律、法规引用不规范

目前，我国针对化工企业安全生产问题已经逐步制定并出台了一系列法律、法规，但是在

具体实施过程中仍经常出现规范引用不合适或引用废止规范的问题。国内部分化工企业仅是将安全生产的相关法律、条例、制度作为一种应付上级检查的条文进行宣传与引用,但是在日常生产经营管理活动中,却缺乏与时俱进的精神,对于企业安全评价法的更新与完善远不如在生产中的技术投入。另外,部分企业没有深刻认识到安全管理规范的适用范围,安全评价人员也存在认识上的弊端性,进而导致选错标准、规范,这样不仅难以达到安全评价的目的,更有可能致使安全管理工作出现滞后性。

8.2.3 片面注重系统整体配套安全设施的设计

化工企业安全评价法是一个综合性的安全监测与管理规范,其以法律、法规等为依据,在检查系统整体配套安全设施设计是否合理的基础上,更要注重化工设计的有效性和可靠性。但是在安全评价法的实际运用中,评价人员往往只注重检查系统的设计是否设置安全,却相对忽视安全设施的有效性和可靠性,从而得出错误的安全评价结论。

8.2.4 国内的化工企业安全现状

1) 化工企业的安全与自身特点的关系

化工生产与其他的生产行业相比,更容易发生安全隐患和职业危害,这种行业情况与化工企业的自身特点有很大的关系。

①化工生产都是一些精细化作业,生产工艺和过程都非常复杂。化工生产从原材料到化工产品产出,中间需要经过很多道工序和多个加工环节。通过多次的化学反应和物质离析才能完成。这就使得生产过程中的前后参数可能会差距较大,在工艺生产条件上也有严格的控制,稍有误差就会引起爆炸火灾等事故的发生。

②化工企业生产现在已经步入了一个大规模、高强度的连续作业阶段。现代化生产效率的追求,使得很多企业不得不逐步引入大规模的生产设备,这种大规模的生产中的原料和产品的量都跟着提升,这也就在一定程度上使危险可能性系数变大。一旦发生事故,危害程度也相应地增加。

③高科技技术的运用使得化工生产自动化水平不断提高。由于现在的化工生产中需要对大型和高强度作业的精细化施工控制,一些数控技术被广泛地运用到生产过程的控制系统中,但是如果在这个自动化作业中不注意数控系统的参数校对和相关仪表的功能校验,就会使化工生产缺乏准确的数控控制而出现生产故障。

2) 目前国内的化工企业安全现状

目前国内的化工企业处在高速发展阶段,不断升级的发展趋势与化工安全形势出现了正比例的并存状况。生产的安全性在生产的基础配套中依旧不容忽视。特别是近几年,一些化工企业危险气体泄漏、化工厂爆炸和火灾等大小事故频发,这些问题主要表现在下述几个方面。

①国内化工领域由中小型化工企业占主导地位,而且这些中小企业大部分都是一些年代久远的老化工厂。中小规模的化工企业在技术上缺乏先进性和自动化水平,生产过程中也不重视人员的专业知识培训和生产安全管理,并且设备比较简陋。

②国家对化工企业的准入资格缺乏严格的审查和制度约束,国内许多区县级政府为了积极的招商引资,对要引进的化工企业在生产工艺、施工规范和人员培训等方面都不做准入管

控,造成一大批技术落后、生产耗能高、环境污染严重的中小化工企业进入园区。这些企业的引入,自然就在一定程度上增加了安全事故的发生概率。

③化工企业普遍缺少对安全生产的责任落实制,特别是一些高危化工企业,从管理制度到执行制度没有严格的标准,在安全投入和执行力度方面更是没有保障,这就使企业缺少了安全生产基础条件。

8.3　常用化工安全评价方法

安全评价是指为实现生产过程的安全,安全评价工程师利用安全系统工程基本原理和方法,即对生产过程中的流程、系统运作、流水作业状况、生产设备等可能会带来爆炸事故或者对员工身体造成危害的可能性因素和危害程度进行系统的分析和推测,从而制订科学有效合理的可行性防范和应对措施。这种对生产过程进行风险和危害的评价活动就是安全评价,安全评价可以针对一项单独的事务,也可以是以区域为单位进行。根据安全评价的不同量化程度,可以分为定性和定量两种安全评价方法。

化工企业通过进行安全评价,可以实现以下 4 个目的:

①使企业的生产达到本质上的安全要求。

②通过安全评价,可以对过程中可能出现的问题进行提前分析,并在生产开始之前进行有效地改进,通过对安全性的有效检测实现安全生产。

③通过安全评价可以为企业提供安全可行的生产方案和安全管理依据。

④通过安全评价可以为一个化工企业的生产迈向标准化和规范化提供有利的条件。

8.3.1　定性安全评价方法

1) 安全检查表法

安全检查表法是为了查找工程、系统中各种设备设施、物料、工件、操作、管理和组织措施中的危险有害因素,事先把检查对象加以分解,将大系统分割成若干小的子系统,以提问或打分的形式,将检查项目列表逐项检查。安全检查表分析法简单、经济、有效,因而被经常使用。但因为它是以经验为主的方法,用于安全评价时,成功与否在很大程度上取决于检查表编制人员的专业知识和经验水平,如果检查表不完整,评价人员就很难对危险性状况作有效的分析。安全检查表简单、经济、有效,可用于安全生产管理和熟知的工艺设计、物料、设备或操作规程的分析,也可用于新工艺过程的早期开发阶段,来识别和消除在类似系统多年操作中所发现的危险,但用于定性分析时,不能提供事故后果及危险性分析。

2) 预先危险分析

预先危险分析,又称初步危险分析,是一项为实现系统安全进行危害分析的初始工作。常用于对潜在危险了解较少和无法凭经验觉察的工艺项目的初步设计或工艺装置的研究和开发中,或用于对危险物质和项目装置的主要工艺区域等。开发初期阶段包括设计、施工和生产前对物料、装置、工艺过程以及能量失控时可能出现的危险性类别、出现条件及可能导致事故的后果,做宏观的概略分析。完成危险预先分析的过程中应考虑以下因素。

①物料和危险设备。如燃料、高反应活性物质、有毒物质爆炸、高压系统、其他储能系统。

②设备与物料之间的与安全有关的隔离装置。如物料的相互作用、火灾爆炸产生和发展、控制停车系统。

③影响设备和物料的环境因素。如地震、振动、极端环境温度、湿度等。

④操作、测试、维修及紧急处置规程。如人为失误的重要性、操作人员的作用、设备布置可接近性、人员的安全保护。

⑤辅助设施。如储槽、测试设备、培训、公用工程。

⑥与安全有关的设备。如调节系统、备用、灭火及人员保护设备。

对工艺过程的每一个区域,都要识别危险并分析这些危险的可能原因及导致事故的可能后果。通常,列出足够数量的原因以判断事故的可靠性或可能性,然后分析每种事故所造成的后果,这些后果表示可能事故的最坏结果,最后列出消除或减少危险的建议。

8.3.2 概率危险性评价方法

1)故障类型及影响分析

故障类型及影响分析,是采用系统分割的方法,根据需要把系统分割为子系统或进一步分割成元件。首先逐个分析元件可能发生的故障和故障类型,进而分析故障对子系统乃至整个系统的影响,最后采取措施加以解决。失效模式及效应分析(Failure Mode and Effect Analysis)分为以下4个步骤:

①明确分析的对象及范围,并分析系统的功能、特性及运行条件,按照功能划分为若干子系统,找出各子系统的功能、结构与动作上的相互联系,收集有关资料,如设计任务书、设计说明书、有关标准、规范、工艺流程等,了解故障机理。

②确定分析的基本要求,通常满足以下4个方面:

a.分清系统主要功能和次要功能在不同阶段的任务。

b.逐个分析易发生故障的零部件。

c.关键部分要深入分析,次要部分分析可简略。

d.有切实可行的监测方法和处理措施。

③详细说明所分析的系统,包括两部分内容:

a.系统的功能说明,包含各子系统及其构成要素的功能叙述。

b.系统功能框图,通过图解方式形象地表示出各子系统在故障状态时对整个系统的影响。

④分析故障类型及影响,通过对系统功能框图所列全部项目的分析,判明系统中所有可能出现的故障类型。

2)事故树分析

事故树分析(Fault Tree Analysis)是从结果到原因找出与灾害事故有关的各种因素之间因果关系及逻辑关系的分析方法。用图形的方式表明系统是怎样发生故障的,包括人和环境的影响对系统故障的作用,有层次地描述在系统故障中各中间事件的相互关系。事故树的分析有以下4个步骤:

①详细了解系统状态及各种参数,给出工艺流程图或平面布置图。

②收集在国内外同行业、同类装置曾经发生的事故案例,从中找出后果严重且较易发生的事故作为顶上事件。根据经验教训和事故案例,经统计分析后,求解事故发生的概率,确定要控制的事故目标值。然后从顶上事件起按其逻辑关系,构建事故树。

③作定性分析,写出顶上事件的结构函数,通过布尔代数化简,可得出最小害集,确定各基本事件的结构重要程度。

④定量分析,根据基本事件的概率,定量地计算出顶上事件发生的概率。

事故树能识别导致事故的基本事件、基本的设备故障与人为失误的组合,可为人们提供设法避免或减少导致事故基本原因的途径,从而降低事故发生的可能性。对导致灾害事故的各种因素及逻辑关系作出全面、简洁和形象的描述,便于查明系统内固有的或潜在的各种危险因素,为设计、施工和管理提供科学依据。但是事故树的步骤较多,计算比较复杂,在国内数据较少,进行定量分析还需要做大量的工作。

事件树是一种图解形式,从原因到结果,可将严重事故的动态发展过程全部揭示出来。其优点是概率可以按照路径为基础分到结点,整个结果的范围可以在整个树中得到改善。事件树是依赖于时间的,在检查系统和人的响应造成潜在安全事故时是理想的,但是事件树成长很快,为了保持合理的大小,往往需要使分析非常粗略,缺少像事故树中的数学混合应用。

8.3.3　危险指数评价方法

1)道化法

道化法全称为道化学公司火灾、爆炸指数危险评价法,是由道化学公司创立的,在化工企业安全生产过程中用于对工艺过程发生火灾、爆炸事故的危险性作出评价,制订一定的应急措施,以提高安全生产水平的方法。道化法从确定物质系数 MF 开始,通过考虑单元的工艺条件,选取适当的危险系数,计算一般工艺危险系数与特殊工艺危险系数,相乘得出工艺单元危险性系数,再将工艺单元危险系数和特殊工艺危险系数相乘,求出火灾、爆炸危险系数 $F\&EI$,并可进一步求出暴露面积,实际最大可能的财产损失以及停产损失等(图 8.1),从而直观、量化地表示出化工生产流程的危险性,便于进行危险性判断与生产流程优化。若危险系数过高,可通过改善单元防火设备、容器抗压能力等手段提高安全系数,直至达到安全生产要求。

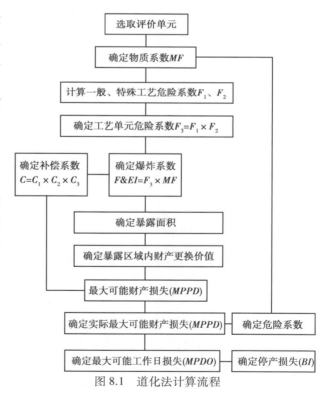

图 8.1　道化法计算流程

2)ICI 蒙德法

1974 年英国帝国化学公司蒙德部在对现有装置及计划建设装置的危险性研究中,以道化学方法思想为基础,发展了一套对具有火灾、爆炸、毒性危险性的装置进行安全评价的方法,即蒙德法。该方法对道化学法进行了几个方面的补充,其中最重要的两方面研究是:

①引进了毒性的概念,将道化学公司的"火灾爆炸指数"扩展到包括物质毒性在内的"火

灾、爆炸、毒性指标"的初期评价,使对装置潜在危险性的初期评价更加切合实际。

②发展了容器、安全态度等补偿系数,对采取安全对策措施加以补偿后的情况进行最终评价,从而使预测定量化更具有实用意义。

3) 化工厂危险程度分级法

1992年由原化工部劳动保护研究所研制开发的"化工厂危险程度分级"项目通过了劳动部组织的专家鉴定。该项目以"道化学评价方法"为基础,结合我国化工企业实际,提出了评价整个工厂危险性的方法。评价过程主要分为以下几个部分:

①按工艺流程或设备布局划分为若干个单元。

②确定单元内主要物质的火灾爆炸性指数 F_i 和毒性指标 P_i,求出物质指数 M_i。

$$M_i = F_i + P_i \tag{8.1}$$

③根据各危险物质所处的工艺状态及其量,分别确定相应的状态系数 K_i 和物质量 W_i,从而求得单元的物量指数 WF。

$$WF = \left(\sum M_i^3 \cdot K_i \cdot W_i \right)^{\frac{1}{3}} \tag{8.2}$$

④根据设计中的工艺条件、设备状况、厂房结构及环境情况等,确定相应的修正系数。工艺系数 α_1,设备系数 α_2,厂房系数 α_3,环境系数 α_4。

⑤求出单元的固有危险指数 g_j'。

$$g_j' = WF \cdot \alpha_1 \cdot \alpha_2 \cdot \alpha_3 \cdot \alpha_4 \tag{8.3}$$

⑥根据设计中安全设施配置情况,确定单元的安全设施修正系数 α_5。

⑦求单元的现实的危险指数 g_j。

$$g_j = g_j' \cdot \alpha_5 \tag{8.4}$$

⑧计算系统的危险指数 G。

$$G = \left(\frac{\sum_{j=1}^{5} g_j^2}{5} \right)^{\frac{1}{2}} \tag{8.5}$$

8.3.4 化工企业六阶段安全评价法

化工企业六阶段安全评价法于20世纪70年代首先在日本建立起来。该方法通过综合使用定性与定量安全评价方法,由安全检查表初步查明各部分存在的潜在危险并简单分类,再根据定性条件评出表示危险性大小的分数,然后根据总危险分数采取相应的安全对策,是一种较为完善、实用的安全评价方法。

①第一阶段为资料准备,通过搜集资料、熟悉政策和了解情况,为进一步评价做好准备。

②第二阶段为定性评价,通过采用安全检查表对厂区布置、工艺流程、生产设备、消防系统、安全设施等进行检查评价,初步了解化工生产流程危险源。

③第三阶段为定量评价,包括对物质、容量、温度、压力和操作等项目进行检查,单元总危险分数即为各项危险分数之和,并以此为依据,确定危险等级。

④第四阶段为安全对策,根据前一阶段评价得出的危险等级,制订应急预案,采取具有针对性的安全措施对可能造成事故的隐患进行排查。

⑤第五阶段为利用事故数据进行再评价,按照化工生产流程,参照类似流程与设备的事故

资料进行再评价,如不符合安全要求,返回上一阶段重新评价,直至达到安全要求为止。

⑥第六阶段为利用事故树和事件树进行再评价,对于危险度相对较高的项目,应利用事故树与事件树法进行再评价,直至达到生产安全要求为止。

8.4　系统安全工程与安全评价

8.4.1　系统安全及系统安全工程

1)系统安全

系统安全是指在系统寿命期间内应用系统安全工程和管理方法,识别系统中的危险源,定性或定量表征其危险性,并采取控制措施使其危险性最小化,从而使系统在规定的性能、时间和成本范围内达到最佳的可接受安全程度。系统安全是人们为解决复杂系统的安全性问题而开发、研究出来的安全理论、方法体系。

2)系统安全工程

系统安全工程运用科学和工程技术手段辨识、消除或控制系统中的危险源,实现系统安全。系统安全工程包括系统危险源辨识、危险性评价、危险源控制等基本内容。

(1)危险源辨识

发现、识别系统中的危险源,是危险源控制的基础。系统安全分析方法是危险源辨识的主要方法。此方法既可以用于辨识已有事故记录的危险源,也可以用于辨识没有事故经验的系统的危险源。

(2)危险性评价

危险性评价是评价危险源导致事故、造成人员伤害或财产损失的危险程度的工作。系统中往往有许多危险源,系统危险性评价是对系统中危险源危险性的综合评价。危险性评价是对系统进行"危险检出"的工作,即判断系统固有危险源的危险性是否在"社会允许的安全限度"以上,以决定是否应采取危险源控制措施。

(3)危险源控制

危险源控制是利用工程技术和管理手段消除、控制危险源,防止危险源导致事故、造成人员伤害和财物损失的工作。系统安全工程的 3 个内容并非严格的分阶段进行,而是相互交叉、相互重叠进行的,它们既有独立内涵,又相互融合,构成了系统安全的有机整体。

8.4.2　基于系统安全工程思想的安全评价

①确定"社会允许的安全限度"是安全评价的前提。"社会允许的安全限度"即公众在一定历史阶段、一定生产经营领域所能接受的危险程度。国家、行业的法律、法规或强制性标准、社会的道德规范等是确定"社会允许的安全限度"的依据。人类在追求更加舒适、安全的生活、生产环境的同时,"社会允许的安全限度"呈现动态递减的趋势。因此,不断以新的标准和更高的要求进行系统安全评价是必须的。

②与危险性评价不同,系统安全评价是对系统进行"安全确认"的工作。系统通常具有安全性、危险性和中间性 3 种因素,为了确认系统安全,不但要判断系统危险性因素发生事故的

条件,还要判断哪些中间性因素在系统生命期内趋向恶化而成为潜在危险性因素的条件。只有杜绝或严格控制了这些条件的系统,才是安全系统。因此安全评价既要以"社会允许的安全限度"的角度来考查系统,又不局限于此,要重视对上述属于中间性因素的潜在危险性因素的判断和评价。

③系统危险性包含系统发生各种事故的可能性和事故后果的严重性两层含义。由于危险具有绝对性,事故具有随机性,杜绝各类事故只是人类的理想,必须采取有效措施,预防和控制事故后果。为了预防各类事故发生和控制事故后果,不仅要对系统危险源的大小、方位进行确认,更要对系统因危险源的作用而出现的偏差、故障、隐患、异常等危险状态进行识别,还要对系统发生事故的影响范围和影响程度进行评估。因此,安全评价不但要估计事故发生的可能性,而且要估计事故后果的严重性。

8.5　工厂技术安全概念

在化学工业中,工厂和过程的多样性使得详细地描述所有现存安全概念变得几乎不可能。详尽描述所有安全概念这个看似聪明的方法本身就是错误的,因为尤其是与过程相关的安全概念几乎每一个都代表着独特的解决方法。这个原因在于需要确定的参数的多样性,例如员工数、员工质量、地点的内部和外部特性。特别地,在两个不同过程或工厂中,这些所提及的参数几乎没有相同的。

另一方面,完整安全概念的一些部分可用于系统的研究和工业经验改进了的统一方法表征。结果,其中一些已经成为技术条例中的标准,或者已达到过程安全工程的最先进水平。

基于化学工业过程中的使用频率,工厂技术安全概念主要包括3个方面:
①化学反应器的紧急排放。
②紧急泄压流的安全处置和储存。
③惰性化法防爆保护。

8.5.1　紧急泄压系统的设计

大多数化工过程是在压力容器中完成的。如果没有足够的控制,化学反应引起的放热可能会导致剧烈的升温。在有易挥发物质的情况下,这个升温会导致蒸汽压急剧升高。在某种情况下,发生分解反应高速产生永久气体。如果过程发生在一个封闭的系统中,上述的一种或两种情况将会导致强烈的升压。因此压力容器必须安装防爆膜或安全泄压阀来预防无法承受的过压。这种化学反应器的紧急泄压系统有两种突出的设计,分别是气相或液相单向流,以及气相和液相两相流。其不同在于泄压流的特性。

其他多相体系,例如有附加固相产生体系,还没有被学界广泛接受的理论能描述,但必须单独处理和评价。

这种体系的处理中难点在于不能采用直接缩放法,即不能根据几何相似规律直接将实验结果转换为实际工厂条件。例如,6 m^3 的反应器中,直径为0.1 m的泄压口足够了,泄压阀与反应器的直径比接近1:15.6。如果人们尝试在一个体积为0.1 L的实验装置中实现这个比率,那么安全阀的直径将接近2.6 mm,这样的尺寸与不锈钢毛细管接近。可是,固体的粒径及其相应的粒径分布不能直接相应地缩小。这样导致固体颗粒将堵塞这个毛细泄压口,或只有极少量固体颗粒能排放出去。如果此固体是反应参与者,将会引起更大的潜能在实验室反应器中的累积,并且在实验室所观察到的现象与工厂规模行为无关。

对于不可缩液体,假设是一维且没有相变的等熵流,排放口面积可由式(8.6)得到:

$$A_0 = 0.6211 \cdot \frac{\dot{m}}{\alpha_w \cdot \sqrt{\Delta p \cdot p}} \tag{8.6}$$

对于可压缩流体,所需排放口面积的确定运用与不可压缩流体相同的假设,在最终式中包含了一个附加的流体函数 ψ,排放口面积可由式(8.7)得到:

$$A_0 = \frac{\dot{m}}{\psi \cdot \alpha} \cdot \sqrt{\frac{v}{2 \cdot p}} \tag{8.7}$$

$$= 0.179\ 1 \cdot \frac{\dot{m}}{\psi \cdot \alpha \cdot p} \sqrt{\frac{T \cdot Z}{M}} \tag{8.8}$$

在释放可压缩介质的紧急泄压情况下,必须区分临界压力、次临界压力和流动条件。气体流速不能大于音速。此流体可称作为临界流体。为了将正确的流体方程代入式(8.5)或式(8.6)中,必须估计在将发生泄压的容器的内部压力与反压(p_{counter},通常情况下等于室内压力)的临界压力比:

$$\frac{p_{\text{counter}}}{p} > \left(\frac{2}{\kappa + 1}\right)^{\frac{\kappa}{\kappa-1}} \Rightarrow 次临界压力比 \tag{8.9}$$

依赖于此临界条件评价的结果,对于次临界条件,采用流体函数 ψ:

$$\psi = \sqrt{\frac{\kappa}{\kappa + 1}} \cdot \sqrt{\left(\frac{p_a}{p}\right)^{\frac{2}{\kappa}} - \left(\frac{p_a}{p}\right)^{\frac{\kappa+1}{\kappa}}} \tag{8.10}$$

对于临界压力条件,采用:

$$\psi_{\text{max}} = \sqrt{\frac{\kappa}{\kappa + 1}} \cdot \left(\frac{2}{\kappa + 1}\right)^{\frac{1}{\kappa-1}} \tag{8.11}$$

两相紧急泄压系统常用于失控后果的处理,其设计在某种程度上来说更加复杂。随着DIERS(Design Institute for Emergency Relief Systems)10 年的深入研究、DIERS-用户组的活动、弗里德尔所做的开拓性工作以及逐渐增长的可用实验数据,人们对于泄压情况下流体力学过程的理解逐渐加深。几年前紧急泄压系统的设计全部都基于单相绝热气体膨胀模型,如今描述现实中常见的两相流的应用模型已经成为最先进的技术。10 年前所有模型试验仍旧是在无反应体系中进行的,而现在可以用实验方法研究反应体系了。假如所需物质的物理化学数据以及动力学和热力学反应数据都已通过实验得到,在特意开发的电脑代码(ASFIRE™ 和RELIEF™)的帮助下,现在可以选择以稳态模型或以动态反应器行为模拟为基础,设计针对单一产品过程的排放口。然而在大多数情况下,利用稳态模型进行设计已经足够了。

8.5.2　两相泄压的基本原理

根据排出过程中气相组成不同,反应类型一般分成 3 类。如图 8.2 所示,左边分支表示气体仅由挥发溶剂组成的所有情形,忽略了其中少量的保持容器惰性的氮气。

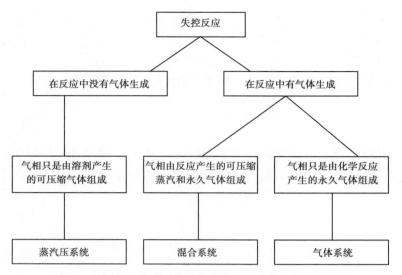

图 8.2   根据经济排放中排出气体组成对失控反应进行分类

所有进一步的考虑应当仅限于纯气相系统,因为杂化和气体产生系统的设计需要各个永久气体生成速率的附加信息。每一个这样的系统必须在第一次工厂开车前先用实验表征好。下一步再评价过程和工厂设计的兼容性。

在气相系统的研究中,假设反应在一个封闭的体系中进行,并假设任何时刻总压与蒸汽压相等,而蒸汽压本身与当前的温度相关。蒸汽压和温度的关系可以用以下简化的安托因(Antoine)关系(8.12)表示。

$$\ln p = j_1 - \frac{j_2}{T} \tag{8.12}$$

蒸汽压系统有同时达到并经过压力和温度的最大值的优势。在泄压的初期,系统处于一个常压过热的状态。如果能适当地设计泄压系统,打开装置后,温度和压力不会再进一步升高,这是因为所有反应余热将会转化为蒸发的潜热。由于此效应,蒸汽气相系统也被称为温和系统。

从结构角度来看,可分为顶部或底部排放口。在大多数情况下,将顶部排放口配备防爆膜和安全阀后,安装在反应器盖子上。如果反应器装料高度低并且体系不产生泡沫,这是原则上实现单相蒸汽流释放的唯一选择。此泄压情形仅需最小的有效排放口面积。所有进一步描述均仅指顶部排放情形。

思 考 与 习 题 八

一、简答题

1.简述安全评价的目的。

2.简述安全评价方法的选择原则。

3.简述安全决策的程序。

4.简述综合原因理论的基本思想。

5.危险指数评价法有何优缺点?

二、判断题

1.安全现状评价既适用于对一个生产经营单位或一个工业园区的评价,也适用于对某一特定的生产工艺、生产方式或作业方式的评价。　　　　　　　　　　　（　　　）

2.事件树在对某些含有两种以上状态环节的系统进行分析时,应尽量将其归纳为两种状态。　　　　　　　　　　　　　　　　　　　　　　　　　　　　（　　　）

3.安全验收评价的目的是贯彻"安全第一、预防为主"的方针,为建设项目初步设计提供了科学依据。　　　　　　　　　　　　　　　　　　　　　　　　　（　　　）

4.安全验收评价报告的格式要求其中包括评价机构安全验收评价资格证书影印件。

（　　　）

第9章
化工安全应急预案与应急救援

进入21世纪,技术的发展深刻改变了政治、经济、社会、人文等各个领域形态与模式,传统的化工企业管理变得越来越复杂,企业经营管理的不确定性因素不断增加。生产系统的复杂性、人员行为的复杂性、管理过程的主观性等因素致使企业管理过程的不可控性、动态性、突变性大大增加。偶然的一个小操作失误,可能会导致生产系统的全面溃败。化工事故的发生,将给国家和人民的人身财产造成巨大的损害,对国家经济社会发展也将产生不利影响。大量事故灾难案例分析显示,造成化工事故损失严重的主要原因是部分地方和企业危机意识的淡薄和应急处置能力不足。所以,了解化工事故的应急预案、应急救援与处置原则,掌握化工事故的应急救援与处置技术,对控制化工事故的发展,对事故受害者和财产进行早期的救治、抢险,对保障生命、减轻伤害、减少损失具有决定性的意义。因此,规避和合理应对突发事件成为化工企业安全生产中一个不容忽视的问题。

目前,我国的化工企业都初步建立了各类安全事故的应急预案,包括破坏性地震预案,物料泄漏预案,停水、电、气等各种预案,以保证发生安全事故时的有效处置,减少突发事件带来的损失。

9.1 化工安全应急预案

为了贯彻落实"安全第一、预防为主、综合管理"方针,规范化工企业生产安全应急管理工作,提高应对风险和防范事故的能力,迅速有效地控制和处置可能发生的事故,确保员工生命及企业财产安全,需结合化工企业实际情况,制订适用于化工企业危险化学品泄漏、火灾、爆炸、中毒和窒息等各类生产安全事故的化工安全应急预案。在应急工作中要坚守以下原则。

1) 以人为本,安全第一

发生事故时优先保护人的安全,作为岗位人员、救援人员必须做到处事不乱,应按预案要求尽可能地采取有效措施,若不能消除和阻止事故扩大,应采取正确的逃生方法迅速撤离,并迅速将险情上报,等待救援。

2) 统一指挥,分级负责

化工企业应急指挥部负责指挥其单位事故应急救援工作,按照各自职责,负责事故的应急处置。

3）快速响应，果断处置

危险化学品事故的发生具有很强的突发性，可能在很短的时间内快速扩大，应按照分级响应的原则快速、及时启动应急预案。

4）预防为主，平战结合

坚持事故应急与预防工作相结合，加强危险源管理，做好事故预防工作。开展培训教育，组织应急演练，做到常备不懈，提高企业员工安全意识，并做好物资和技术储备工作。

9.1.1　危险性分析

危险分析的最终目的是要明确应急的对象、事故的性质及其影响范围、后果严重程度等，为应急准备、应急响应和减灾措施提供决策和指导依据。危险分析包括危险识别、脆弱性分析和风险分析。

对于现代化的化工生产装置须实行现代化安全管理，即从系统的观念出发，运用科学分析方法识别、评价、控制危险，使系统达到最佳安全状态。应用系统工程的原理和方法预先找出影响系统正常运行的各种事件出现的条件，可能导致的后果，并制订消除和控制这些事件的对策，以达到预防事故、实现系统安全的目的。辨别危险、分析事故及影响后果的过程就是危险性分析。其具体危险分析如下。

1）易燃液体泄漏危险分析

易燃液体的泄漏主要有两种形式：一种是易燃液体蒸汽的泄漏，如分装过程的有机溶剂挥发等。另一种是易燃液体泄漏，如包装破损、腐蚀造成泄漏，固定管线、软管在作业完毕后内存残液流出，以及超灌溢出、码放超高坍塌泄漏等。

泄漏的易燃液体会沿着地面或设备设施流向低洼处，同时吸收周围热量，挥发形成蒸汽，因其较空气稍重，又会沿地面扩散，窜入地下管沟，极易在非防爆区域或防爆等级较低的场所引起火灾爆炸事故。

2）火灾、爆炸分析

化工企业经营、储存的危险化学品均具有易燃易爆特性，遇明火、高热、氧化剂能引起燃烧；其蒸汽与空气形成爆炸性混合气，当其蒸汽与空气混合物浓度达到爆炸极限时，遇到火源会发生爆炸事故。下面从形成火灾、爆炸的两个因素进行分析：

（1）存在易燃、易爆物质及形成爆炸性混合气体

①易燃液体在使用和储运过程中的温度越高，其蒸发量越大，越容易产生引起燃烧、爆炸所需的蒸汽量，火灾爆炸危险性也就越大。

②化工企业有机溶剂设桶装储存，卸车和分装过程由于操作失误或机械故障等原因可造成可燃液体泄漏或蒸发形成爆炸性混合物。

③由于储存易燃液体的容器质量缺陷，存在密封不严、破损造成液体泄漏或蒸发形成爆炸性混合物。

④在搬运过程中不遵守操作规程，野蛮装卸，可能使包装破损液体泄漏或蒸发形成爆炸性混合物。

⑤仓库通风不良，易燃液体的蒸汽不断积聚，最后达到爆炸极限浓度或在分装过程中发生泄漏有可能形成爆炸性混合物。

⑥废气废液中含有易燃易爆残留物。

（2）着火源分析

①动火作业是设备设施安装、检修过程中常用的作业方式，若违章动火或防护措施不当，易引发火灾爆炸事故。动火作业在经营过程中是不可避免的，但事故却是可以预防的，关键在于要严格遵守用火、用电、动火作业安全管理制度，严格执行操作规程，落实防火监护人及防火措施。

②作业现场吸烟。在"防火、防爆十大禁令"中，烟火被列为第一位。因吸烟引发火灾爆炸事故时有发生。由于少数员工的安全意识差，在防爆区吸烟的现象是有可能出现的。

③车辆排烟喷火。汽车是以汽油或柴油作燃料的。有时，在排出的尾气中夹带火星、火焰，这种火星、火焰有可能引起易燃易爆物质的燃烧或爆炸。因此，无阻火器的机动车辆在厂区内行驶，是很危险的。汽车排烟喷火带来的危险应引起高度重视。

④电气设备产生的点火源。由于设计、选型工作的失误，造成部分电气设备选用不当，不能满足防火防爆的要求，在投产使用过程中，可能产生电火花、电弧，进而引起火灾爆炸事故。

电气设备在安装、调试或检修过程中，因安装不当或操作不慎，有可能造成过载、短路而出现高温表面或产生电火花，或者发生电气火灾，进一步引发火灾爆炸事故。人员违章操作、违章用电以及其他原因，也会制造出电火花、电气火灾等火源。

⑤静电放电。由于原料液体、产品液体电阻率高，液体在分装、倾倒过程中流动相互摩擦能产生静电；若静电导除不良，有可能因静电积聚而产生静电火花，引燃易燃液体，造成火灾爆炸事故。

⑥机械摩擦和撞击火花。金属工具、鞋钉等金属器件，相互之间或敲击设备，就有可能产生火花。

3）物体打击危险分析

物体打击是指落物、滚石、捶击、碎裂、崩塌、砸伤等造成的伤害，若有防护不当、操作人员违章操作、误操作，则可能发生工具或其他物体从高处坠下，造成物体打击的危险。物体打击危险主要存在于设备检修及其他作业过程中，堆放的物料未放稳倒塌。

4）触电危险分析

触电主要是指电流对人体的伤害作用。电流对人体的伤害可分为电击和电伤。电击是电流通过人体内部，影响人体呼吸、心脏和神经系统，造成人体内部组织的破坏，以致死亡。电伤害主要是电流对人体外部造成的局部伤害，包括电弧烧伤、熔化金属渗入皮肤等伤害，以及两类伤害可能同时发生，不过绝大多数电气伤害事故都是由电击造成的。

在危险化学品经营、储存过程中造成触电的原因主要是人体触碰带电体，触碰带电体绝缘损坏处、薄弱点，触碰平常不带电的金属外壳（该处漏电，造成外壳带电），超过规范容许的距离，接近高压带电体等，均可造成设备事故跳闸或人员触电伤害。

在电气设备、装置、运行、操作、巡视、维护、检修工作中，由于安全技术组织措施不当，安全保护措施失效，违反操作规程、误操作、误入带电间格、设备缺陷、设备不合格、维修不善、人员过失或其他偶然因素等，都可能造成人员触碰带电体，引发设备事故或人体触电伤害事故。

5）机械伤害

机械伤害是指机械设备运动（静止）部件、工具、加工件直接与人体接触引起的夹击、碰撞、剪切、卷入、碾、割、刺等伤害。

化工企业使用消防泵等机械设备,在操作这些设备时,如设备传动部位无防护、设备本身设计有缺陷、操作人员违章操作、误操作、设备发生故障以及在检修设备时稍不注意就有可能导致机械伤害。

9.1.2　组织机构及职责

化工企业领导负责生产安全事故应急管理工作,其他有关部门主管按照业务分工负责相关类别生产安全事故的应急管理工作。化工企业总指挥指导企业生产安全事故应急体系建设、综合协调信息发布、情况汇总分析等工作。专业应急救援小组由企业有关部门领导和员工组成。化工企业应急组织结构如图 9.1 所示。

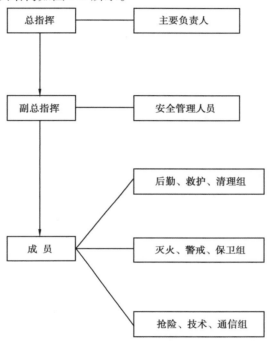

图 9.1　化工企业应急组织结构图

1) 总指挥职责

①组织制订生产安全事故应急预案。

②负责人员、资源配置、应急队伍的调动。

③确定现场指挥人员。

④协调事故现场有关工作。

⑤批准本预案的启动与终止。

⑥授权在事故状态下各级人员的职责。

⑦危险化学品事故信息的上报工作。

⑧接受政府的指令和调动。

⑨组织应急预案的演练。

⑩负责保护事故现场及相关数据。

117

2) **副总指挥职责**

①协助总指挥开展应急救援工作。

②指挥协调现场的抢险救灾工作。

③核实现场人员伤亡和损失情况,及时向总指挥汇报抢险救援工作及事故应急处理的进展情况。

④及时落实应急处理指挥中心领导的指示。

3) **抢险、技术、通信组职责**

抢险、技术和通信组负责紧急状态下的现场抢修作业,包括以下内容:

①泄漏控制、泄漏物处理。

②设备抢修作业。

③及时了解事故及灾害发生的原因及经过,检查装置生产工艺处理情况。

④配合消防、救防人员进行事故处理,抢救及现场故障设施的抢修,如出现易燃易爆、有毒有害物质泄漏,有可能发生火灾爆炸或人员中毒时,协助有关部门通知人员立即撤离现场。

⑤组织好事故现场与指挥部队及各队之间的通信联络,传达指挥部的命令。

⑥检查通信设备,保持通信畅通。

⑦及时掌握灾情发展变化情况,提出相应对策。

⑧负责灾后全面检查修复厂内的电气线路和用电设备,以便尽快恢复生产。

4) **灭火、警戒、保卫组职责**

①第一时间将受伤人员转移出事故现场,然后分头进行灭火和火源隔离。先到达的消防组负责用灭火器材扑灭火源,后到的组员用消防水枪进行火源隔离和重点部位防护,扑灭非油性或非电器类的火源,防止火情扩大。

②负责对燃烧物质、火势大小作火灾记录,并及时向总指挥报告。

③根据事故等级,带领组员在不同区域范围设立警戒线,禁止无关人员进入厂区或事故现场。

④保护现场和有关资料、数据的完整。

⑤布置安全警戒,禁止无关人员、车辆通行,保证现场井然有序。

5) **后勤、救护、清理组职责**

①组织救护车辆及医护人员、器材进入指定地点。

②组织现场抢救伤员及伤员送往医院途中的救护。

③进行防火、防毒处理。

④发现人员受伤情况严重时,立即联系相关的医院部门前往救护,并选好停车救护地点。

⑤负责(或负责协助医院救护人员)将受伤人员救离事故现场,并进行及时救治。

⑥在医院救护车未能及时到达时,负责对伤者实施必要的处理后,立即将受伤者送往医院进行救治。

⑦负责协助伤者脱离现场后的救护工作。

⑧负责应急所需物质的供给、后勤保障,保障应急救援工作能迅捷、有条不紊地进行。

⑨对调查完毕后的事故现场进行冲洗清理及协助专业部门进行现场消毒工作。

9.1.3　预防与预警

1）危险源监控

（1）危险源监测监控的方式方法

根据危险化学品的特点，对危险源采用操作人员日常安全检查、安全管理人员的巡回检查、专业人员的专项检查、领导定期检查以及节假日检查的方式实施监控。

（2）预防措施

①严禁携带火种进入有易燃易爆品的危险区域。

②易燃易爆场所严禁使用能产生火花的任何工具。

③易燃易爆区域严禁穿化纤的工作服。

④安装可燃气体检测报警仪，用于监控可燃气体的泄漏。

⑤张贴安全警示标志和职业危害告知牌。

⑥危险化学品包装需采用合格产品，确保生产工艺设备、设施及其储存设施等完好，防止毒害性物质的泄漏。

⑦操作人员必须做好个体防护，佩戴相关的劳动防护用品。

⑧作业现场配备应急药品。

2）预警行动

（1）预警条件

当突然发生危险化学品泄漏、可能引发火灾爆炸事故造成作业人员受伤、已严重威胁到作业场所的人员和环境、非相关部门或相关班组力量所能施救的事件时，即发出预警。

（2）预警发布的方式方法

采用内部电话（包括固定电话、手机等方式）或喊话进行报警，由第一发现人发出警报。报警应说明发生的事故类型和发生事故的地点。

（3）预警信息发布的流程

①一旦发生危险化学品泄漏事故，第一发现人应当立即拨打电话或喊话向灭火、警戒、保卫组组长报告，灭火、警戒、保卫组组长向应急总指挥报告事故情况，必要时立即拨打119火警电话。

②总指挥应根据事故的具体情况及危险化学品的性质，迅速成立现场指挥部，启动应急救援预案，组织各部门进行抢险救援和作业场所人员的疏散。

③及时向上级主管部门报告事故和救援进度。

（4）预警行动

工作人员发现险情，经过企业当班安全员以上任意一名管理人员确认险情后，启动应急处置程序。

①企业总经理负责组织指挥应急小组的各项应急行动。

②生产部负责及时处理生产安全事故，并协助处理重大问题、上报总经理。

③安全主任负责现场安全管理工作，对安全设备、设施进行安全检查，做好初期灾情的施救工作。

④行政部负责通信联络及现场施救。

⑤现场员工应停止作业，疏散进厂的车辆和人员；警戒人员应加强警戒，禁止无关人员进

入作业场所。

⑥如有运输车辆在装卸作业,应立即停止,迅速驶离厂区,停至外面空旷的安全地带。

⑦义务消防员的使用。即利用场内所配备的灭火器材立即行动,准备扑灭可能发生的火灾。

⑧清理疏通站内外消防通道,并派人员在公路显眼处迎接和引导消防车辆。

⑨总经理应负责建立公司及周边应急岗位人员联系方式一览表。

⑩向事故相关单位通告。

当事故危急周边单位、社区时,指挥部人员应向相关部门汇报并提出要求组织周边单位撤离疏散或者请求援助。在发布消息时,必须发布事态的缓急程度,提出撤离的方向和距离,并明确应采取的预防措施,撤离必须有组织性。在向相关部门汇报的同时,安排企业员工直接到周边单位预警,告知企业发生的事故及要求周边单位协调、配合事项。

3)信息报告与处置

(1)信息报告与通知

①应急值守电话 24 小时有效的报警装置为固定电话,接警单位为值班室。

②事故信息通报程序。企业事故信息通报程序是指企业总指挥收到企业事故信息时,立即用电话、广播等通信工具通报指挥部副总指挥、现场指挥和各成员,各应急救援小组按应急处理程序进行现场应急反应。事故信息通报流程如图 9.2 所示。

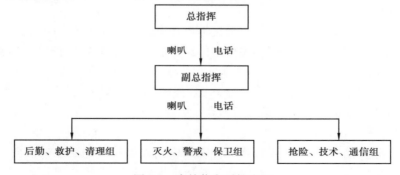

图 9.2 事故信息通报流程

(2)信息上报内容和时限

根据《生产安全事故报告和调查处理条例》的有关规定,一旦发生事故,按照下列程序和时间要求报告事故:

①事故发生后,事故现场有关人员应当通报相关部门负责人,按预警级别立即向应急救援指挥部通报。情况紧急时,事故现场有关人员可以直接向应急总指挥部报告或拨打 119 或 120 报警。

②应急总指挥接到事故报告后,应当于 1 小时内向市安全生产监督管理局报告。

③事故信息上报。企业发生生产事故后,

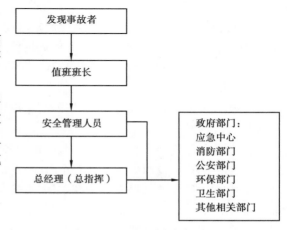

图 9.3 信息上报流程

根据事故响应分级要求报告事故信息。事故信息上报流程如图 9.3 所示。

④信息上报的内容：

a.发生事故的单位、时间、地点、设备名称。

b.事故的简要经过，包括发生泄漏或火灾爆炸的物质名称、数量，可能的最大影响范围和现场伤亡情况等。

c.事故现场应急抢救处理的情况和采取的措施，事故的可控情况及消除或控制所需的处理时间等。

d.其他有关事故应急救援的情况：事故可能的影响后果、影响范围、发展趋势等。

e.事故报告单位、报告人和联系电话。

⑤信息上报的时限。当企业发生危险化学品泄漏时，立即进行现场围堵收容、清除等应急工作。当发生危险化学品火灾、爆炸事故时，立即向上报告。

9.1.4　应急响应

1)响应分级

按照化工安全生产事故灾难的可控性、严重程度和影响范围，应急响应级别原则上分为 I 级响应、II 级响应、III 级响应、IV 级响应。

（1）出现下列情况之一启动 I 级响应

①造成 30 人以上死亡（含失踪），或危及 30 人以上生命安全，或者 100 人以上重伤（包括急性工业中毒，下同），或者直接经济损失 1 亿元以上的特别重大安全生产事故灾难。

②需要紧急转移安置 10 万人以上的安全生产事故灾难。

③超出省（区、市）政府应急处置能力的安全生产事故灾难。

④跨省级行政区、跨领域（行业和部门）的安全生产事故灾难。

⑤国务院认为需要国务院安委会响应的安全生产事故灾难。

（2）出现下列情况之一启动 II 级响应

①造成 10 人以上、30 人以下死亡（含失踪），或危及 10 人以上、30 人以下生命安全，或者 50 人以上、100 人以下重伤，或者 5 000 万元以上、1 亿元以下直接经济损失的重大安全生产事故灾难。

②超出地级以上市人民政府应急处置能力的安全生产事故灾难。

③跨地级以上市行政区的安全生产事故灾难。

④省政府认为有必要响应的安全生产事故灾难。

（3）出现下列情况之一启动 III 级响应

①造成 3 人以上、10 人以下死亡（含失踪），或危及 3 人以上、10 人以下生命安全，或者 10 人以上、50 人以下重伤，或者 1 000 万元以上、5 000 万元以下直接经济损失的较大安全生产事故灾难。

②需要紧急转移安置 1 万人以上、5 万人以下的安全生产事故灾难。

③超出县级人民政府应急处置能力的安全生产事故灾难。

④发生跨县级行政区安全生产事故灾难。

⑤地级以上市人民政府认为有必要响应的安全生产事故灾难。

（4）出现下列情况之一启动 IV 级响应

①造成 3 人以下死亡,或危及 3 人以下生命安全,或者 10 人以下重伤,或者 1 000 万元以下直接经济损失的一般安全生产事故灾难。

②需要紧急转移安置 5 千人以上、1 万人以下的安全生产事故灾难。

③县级人民政府认为有必要响应的安全生产事故灾难。

2) 响应程序

化工企业对发生危险化学品事故实施应急响应。主要响应如下:

事故发生后,根据事故发展态势和现场救援进展情况,执行如下应急响应程序:

①事故一旦发生,现场人员必须立即向总指挥报告,同时视事故的实际情况,拨打火警电话 119 和急救电话 120 向外求助。

②总指挥接到事故报告后,马上通知各应急小组赶赴现场,了解事故的发展情况,积极投入抢险,并根据险情的不同状况采取有效措施(包括与外单位支援人员的协调,岗位人员的留守和安全撤离等)。

③负责警戒的人员根据事故扩散范围建立警戒区,在通往事故现场的主要干道上实行交通管制,在警戒区的边界设置警示标志,同时疏散与事故应急处理工作无关的人员,以减少不必要的伤亡。

④总指挥安排各应急小组按预案规定的职责分工,开展相应的灭火、抢险救援、物资供应等工作。

⑤当难以控制紧急事态、事故危急周边单位时,启动企业 I 级应急响应,通过指挥部直接联系政府以及周边单位支援,并组织厂内及周边单位相关人员立即进行撤离疏散。

⑥事故无法控制时,所有人员应撤离事故现场。

3) 应急结束

(1)条件符合下列条件之一的,即满足应急终止条件

①事故现场得到控制,事件条件已经消除。

②事故造成的危害已被彻底清除,无继发可能。

③事故现场的各种专业应急处置行动已无继续的必要。

(2)事故终止程序

由总指挥下达解除应急救援的命令,由后勤、救护、清理组通知各个部门解除警报,由灭火、警戒、保卫组通知警戒人员撤离,在涉及周边社区和单位的疏散时,由总指挥通知周边单位负责人员或者社区负责人解除警报。

(3)应急结束后续工作

①应急总结。应急终止后,事故发生部门负责编写应急总结,应急总结至少应包括以下内容:

a.事件情况,包括事件发生时间、地点、波及范围、损失、人员伤亡情况、事件发生初步原因。

b.应急处置过程。

c.处置过程中动用的应急资源。

d.处置过程遇到的问题、取得的经验和吸取的教训。

②对预案的修改建议。应急指挥部根据应急总结和值班记录等资料进行汇总、归档,并起草上报材料。

（4）应急事件调查

按照事件调查组的要求,事故部门应如实提供相关材料,配合事件调查组取得相关证据。

化工安全生产事故灾难的应急响应程序如图 9.4 所示。

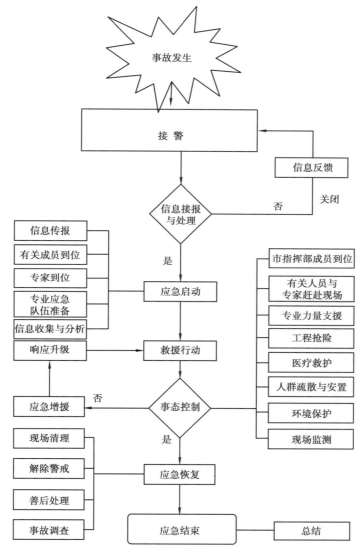

图 9.4　化工安全生产事故灾难应急响应程序示意图

9.1.5　后期处置

1）污染物处理

①应急抢险所用消防水,先导入应急池,并委托有资质的污水处理单位进行处置。

②应急抢险所用其他固体废物,委托专业固体废物处理企业处理。

2）生产秩序恢复

事故现场清理、洗消完毕;防止事故再次发生的安全防范措施落实到位;受伤人员得到治疗,情况基本稳定;设备、设施检测符合生产要求,经主管部门验收同意后恢复生产。

3）善后赔偿

财产损失由财务部门进行统计，事故发生部门做好配合工作。发生人员伤亡的，由企业组织人员对受伤人员及其家属进行安抚，确定救治期间的费用问题。专职安全员准备工伤认定材料，按照工伤上报程序进行上报。协助当地人民政府做好善后处置工作，包括伤亡救援人员补偿、遇难人员补偿、亲属安置、征用物资补偿、救援费用支付、灾后重建、污染物收集、清理与处理等事项；负责恢复正常工作秩序，消除事故后果和影响，安抚受害和受影响人员，保证社会稳定。

4）抢险过程和应急救援能力评估及应急预案的修订

由化工企业领导、专职安全员、行政部、生产部组建事件调查组，对事发原因、应急过程、损失、责任部门奖惩、应急需求等作出综合调查评估，形成调查报告，提交化工企业安全生产管理部门审核。由专职安全员负责对事故应急能力进行评估，并针对不足之处对应急预案进行修订。

9.1.6 保障措施

1）通信与信息保障

建立以固定通信为主，移动通信、对讲通信为辅的应急指挥通信系统，保证在紧急情况下，预警和指挥信息畅通。定期对应急指挥机构、应急队伍、应急保障机构的通信联络方式进行更新。保证在紧急情况下，参加应急工作的部门、单位和个人信息畅通。

2）应急队伍保障

通过补充人员，开展技能培训和应急演练，加强化工企业应急队伍建设。

3）应急物资装备保障

分工做好物资器材维护保养工作；配备应急的呼吸器材，如空气呼吸器等；防爆工具，如铜质工具；可燃气体检测仪，防爆灯具；消防器材、人员防护装备。上述器材由安全生产管理人员专人保管，纳入班组日常管理，并每月定期检查保养，以备急用。

4）经费保障

化工企业每年统筹安排的专项安全资金应用于应急装备配置和更新、应急物资的购买和储备、应急预案的编制和演练等。

5）其他保障

消防设施配置图、应急疏散图、现场平面布置图、危险化学品安全技术说明书等相关资料由专职安全员负责管理。

9.2 危险化学品事故应急救援

化学事故应急救援是指化学危险品由于各种原因造成或可能造成众多人员伤亡及其他较大的社会危害时，为及时控制危险源、抢救受害人员、指导群众防护和组织撤离、清除危害后果而组织的救援活动。随着化工工业的发展，生产规模日益扩大，一旦发生事故，其危害波及范围将越来越大，危害程度将越来越深，事故初期如不及时控制，小事故将会演变成大灾难，给生命和财产造成巨大损失。

9.2.1　危险化学品事故应急救援的基本任务

化学事故应急救援是近几年国内开展的一项社会首要任务。

1）控制危险源

只有及时控制住危险源,防止事故继续扩大,才能及时有效地进行救援。

2）抢救受害人员

抢救受害人员是应急救援的重要任务。在应急救援行动中,及时、有序、有效地实施现场急救与安全转送伤员是降低伤亡率、减少事故损失的关键。

3）指导群众防护,组织群众撤离

由于化学事故发生突然、扩散迅速、涉及面广、危害大,应及时指导和组织群众采取各种措施进行自身防护,并向上风向迅速撤离出危险区或可能受到危害的区域。在撤离过程中应积极组织群众开展自救和互救工作。

4）做好现场清除,消除危害后果

对事故外溢的有毒有害物质和可能对人、环境继续造成危害的物质,应及时组织人员予以清除,消除危害后果,防止对人的继续危害和对环境的污染。对发生的火灾,要及时组织力量进行洗消。

5）查清事故原因,估算危害程度

事故发生后应及时调查事故的发生原因和事故性质,估算出事故的波及范围和危险程度,查明人员伤亡情况,做好事故调查。

9.2.2　危险化学品事故应急救援的基本形式

化学事故应急救援工作按事故波及范围及其危害程度,可采取 3 种不同的救援形式。

1）事故单位自救

事故单位自救是化学事故应急救援最基本、最重要的救援形式,这是因为事故单位最了解事故的现场情况,即使事故危害已经扩大到事故单位以外区域,事故单位仍须全力组织自救,特别是尽快控制危险源。

2）对事故单位的社会救援

对事故单位的社会救援主要是指重大或灾害性化学事故,事故危害虽然局限于事故单位内,但危害程度较大或危害范围已经影响周围邻近地区,依靠企业以及消防部门的力量不能控制事故或不能及时消除事故后果而组织的社会救援。

3）对事故单位以外危害区域的社会救援

对事故单位以外危害区域的社会救援主要是对灾害性化学事故而言,指事故危害超出单位区域,其危害程度较大或事故危害跨区、县或需要各救援力量协同作战而组织的社会救援。

9.2.3　危险化学品事故应急救援的组织与实施

危险化学品事故应急救援一般包括报警与接警、应急救援队伍的出动、实施应急处理、现场急救几个方面。

1）事故报警

事故报警的及时与准确是及时控制事故的关键环节。当发生危险化学品事故时，现场人员必须根据各自企业制订的事故预案，采取积极而有效的抑制措施，尽量减少事故的蔓延，同时向有关部门报告和报警。

2）出动应急救援队伍

各主管部门在接到事故报警后，应迅速组织应急救援专职队伍，赶赴现场，在做好自身防护的基础上，快速实施救援，控制事故发展，并将伤员救出危险区域和组织群众撤离、疏散，消除危险化学品事故的进一步危害。

3）紧急疏散

建立警戒区域，迅速将警戒区及污染区内与事故应急处理无关的人员撤离，并将相邻的危险化学品转移到安全地点，以减少不必要的人员伤亡和财产损失。

4）现场急救

对受伤人员进行现场急救，在事故现场，危险化学品对人体可能造成的伤害为中毒、窒息、冻伤、化学灼伤、烧伤等，进行急救时，不论是患者还是救援人员都需要进行适当的防护。

9.3　化工安全事故应急处理

事故应急处理主要包括火灾事故的应急处理、爆炸事故的应急处理、泄漏事故的应急处理和中毒事故的应急处理。

9.3.1　火灾事故的应急处理

1）火灾的种类

①普通火灾：凡是由木材、纸张、棉、布、塑胶等固体所引起的火灾。

②油类火灾：凡是由火性液体及固体油脂及液化石油器、乙炔等易燃气体所引起的火灾。

③电气火灾：凡是由通电中电气设备，如变压器、电线走火等所引起的火灾。

④金属火灾：凡是由钾、钠、镁、锂及禁水物质引起的火灾。

2）火灾事故应急处理

处理危险化学品火灾事故时，首先应该进行灭火。灭火对策如下所述。

①扑灭初期火灾：在火灾尚未扩大到不可控制之前，应使用适当的移动式灭火器来控制火灾。迅速关闭火灾部位的上、下游阀门，切断进入火灾事故地点的一切物料，然后立即启用现有的各种消防装备扑灭初期火灾并控制火源。

②对周围设施采取保护措施：为防止火灾危及相邻设施，必须及时采取冷却保护措施，并迅速疏散受火势危及的物资。有的火灾可能造成易燃液体的外流，这时可用沙袋或其他材料筑堤拦截流淌的液体或挖沟导流，将物料导向安全地点。必要时用毛毡、海草帘堵住下水井、窨井口等处，防止火势蔓延。

③火灾扑救：扑救危险品化学品火灾绝不可盲目行动，应针对每一类化学品选择正确灭火剂和灭火方法。必要时采取堵漏或隔离措施，预防次生灾害扩大。当火势被控制以后，仍然要派人监护，清理现场，消灭余火。

3）扑灭火灾的方法

①冷却灭火法：将灭火剂直接喷洒在可燃物上，使可燃物的温度降低到自燃点以下，从而使燃烧停止。用水扑救火灾，其主要作用就是冷却灭火。一般物质起火，都可以用水来冷却灭火。火场上，除用冷却法直接灭火外，还经常用水冷却尚未燃烧的可燃物质，防止其达到燃点而着火；还可用水冷却建筑构件、生产装置或容器等，以防止其受热变形或爆炸。

②隔离灭火法：可燃物是燃烧条件中重要的条件之一，如果把可燃物与引火源或空气隔离开来，那么燃烧反应就会自动中止。如用喷洒灭火剂的方法，把可燃物同空气和热隔离开来、用泡沫灭火剂灭火产生的泡沫覆盖于燃烧液体或固体的表面，在冷却作用的同时，把可燃物与火焰和空气隔开等，都属于隔离灭火法。采取隔离灭火的具体措施很多。例如，将火源附近的易燃易爆物质转移到安全地点；关闭设备或管道上的阀门，阻止可燃气体、液体流入燃烧区；排除生产装置、容器内的可燃气体、液体，阻拦、疏散可燃液体或扩散的可燃气体；拆除与火源相毗连的易燃建筑结构，形成阻止火势蔓延的空间地带等。

③窒息灭火法：可燃物质在没有空气或空气中的含氧量低于 14% 的条件下是不能燃烧的。所谓窒息法就是隔断燃烧物的空气供给。因此，采取适当的措施，阻止空气进入燃烧区，或用惰性气体稀释空气中的氧含量，使燃烧物质缺乏或断绝氧而熄灭，适用于扑救封闭式的空间、生产设备装置及容器内的火灾。火场上运用窒息法扑救火灾时，可采用石棉被、湿麻袋、湿棉被、沙土、泡沫等不燃或难燃材料覆盖燃烧或封闭孔洞；用水蒸气、惰性气体（如二氧化碳、氮气等）充入燃烧区域；利用建筑物上原有的门以及生产储运设备上的部件来封闭燃烧区，阻止空气进入。此外，在无法采取其他扑救方法而条件又允许的情况下，可采用水淹没（灌注）的方法进行扑救。

9.3.2　爆炸事故的应急处理

爆炸是指大量能量（物理或化学）在瞬间迅速释放或急剧转化成机械、光、热等能量形态的现象。物质从一种状态迅速转变成另一种状态，并在瞬间放出大量能量的同时产生巨大声响的现象称为爆炸。爆炸事故是指人们对爆炸失控并给人们带来生命和健康的损害及财产的损失的事故。多数情况下是指突然发生、伴随爆炸声响、空气冲击波及火焰而导致设备设施、产品等物质财富被破坏和人员生命与健康受到损害的现象。

1）爆炸事故种类

爆炸可分为物理性爆炸和化学性爆炸两种，具体如下所述。

（1）物理性爆炸

由物理变化引起的物质因状态或压力发生突变而形成爆炸的现象称为物理性爆炸。例如，容器内液体过热气化引起的爆炸，锅炉的爆炸，压缩气体、液化气体超压引起的爆炸等。物理性爆炸前后物质的性质及化学成分均不改变。

（2）化学性爆炸

由于物质发生极迅速的化学反应，产生高温、高压而引起的爆炸称为化学性爆炸。化学爆炸前后物质的性质和成分均发生了根本的变化。化学爆炸按爆炸时所产生的化学变化，可分成 3 类。

①简单分解爆炸：引起简单分解爆炸的爆炸物，在爆炸时并不一定发生燃烧反应，爆炸所需的热量，是由爆炸物质本身分解时产生的。属于这一类的有叠氮铅、乙炔银、乙炔铜、碘化

氮、氯化氮等。这类物质是非常危险的,受轻微振动即引起爆炸。

②复杂分解爆炸:这类爆炸性物质的危险性较简单分解爆炸物低,所有炸药均属于这种类型。这类物质爆炸时伴有燃烧现象。燃烧所需的氧由本身分解时供给。各种氮及氯的氧化物、苦味酸等都属于这一类。

③爆炸性混合物爆炸:所有可燃气体、蒸汽及粉尘与空气混合而形成的混合物的爆炸均属于此类。这类物质爆炸需要一定条件,如爆炸性物质的含量、氧气含量及激发能源等。因此,其危险性虽较前两类低,但极普遍,造成的危害也较大。

2)常见爆炸事故类型

(1)气体燃爆

气体燃爆是指从管道或设备中泄漏出来的可燃气体,遇火源而发生的燃烧爆炸。

(2)油品爆炸

常见的油品爆炸,如重油、煤油、汽油、苯、酒精等易燃、可燃液体所发生的爆炸。

(3)粉尘、纤维爆炸

煤尘、木屑粉、面粉及铝、镁、碳化钙等引起的爆炸。

3)爆炸事故的伤害特点

根据爆炸的性质不同,造成的伤害形式多样,严重的多发伤害占较大的比例。

(1)爆震伤

爆震伤又称为冲击伤,距爆炸中心 0.5~1 m 以外受伤,是爆炸伤害中较为严重的一种损伤。

爆震伤的受伤原理是爆炸物在爆炸的瞬间产生高速高压,形成冲击波,作用于人体生成冲击伤。冲击波比正常大气压大若干倍,作用于人体造成全身多个器官损伤,同时又因高速气流形成的动压,使人跌倒受伤,甚至肢体断离。爆震伤的常见伤型如下:

①听器冲击伤:发生率为 3.1%~55%。

②肺冲击伤:发生率为 8.2%~47%。

③腹部冲击伤。

④颅脑冲击伤。

识别爆震伤的常见方法为:

①耳鸣、耳聋、耳痛、头痛、眩晕。

②伤后出现胸闷、胸痛、咯血、呼吸困难、窒息。

③伤后表现腹痛、恶心、呕吐、肝脾破裂大出血导致休克。

④伤后神志不清或嗜睡、失眠、记忆力下降,伴有剧烈头痛、呕吐、呼吸不规则。

(2)爆烧伤

爆烧伤实质上是烧伤和冲击伤的复合伤,发生在距爆炸中心 1~2 m,由爆炸时产生的高温气体和火焰造成,严重程度取决于烧伤的程度。

(3)爆碎伤

爆炸物爆炸后直接作用于人体或由于人体靠近爆炸中心,造成人体组织破裂、内脏破裂、肢体破裂、血肉横飞,失去完整形态。还有一些是由于爆炸物穿透体腔,形成穿通伤,导致大出血、骨折。

（4）有害气体中毒

爆炸后的烟雾及有害气体会造成人体中毒。常见的有害气体有一氧化碳、二氧化碳、氮氧化合物。识别有害气体中毒主要有：

①由于某些有害气体对眼、呼吸道强烈的刺激，爆炸后眼、呼吸道有异常感觉。

②急性缺氧、呼吸困难、口唇发绀。

③发生休克或肺水肿早期死亡。

4）爆炸事故应急处理

爆炸事故发生时，一般应采用以下基本对策。

①迅速判断和查明再次发生爆炸的可能性和危险性，紧紧抓住爆炸后和再次发生爆炸之前的有利时机，采取一切可能的措施，全力制止再次发生爆炸。

②切忌用沙土盖压，以免增强爆炸物品爆炸时的威力。

③如果有疏散的可能，人身安全上确有可靠保障，应迅速组织力量及时转移着火区域周围的爆炸物品，使着火区周围形成一个隔离带。

④扑救爆炸物品堆垛时，水流应采用吊射，避免强力水流直接冲击堆垛，以免堆垛倒塌引起再次爆炸。

⑤灭火人员应尽量利用现场现成的掩蔽体或尽量采用卧姿等低姿射水，尽可能地采取自我保护措施。消防车辆不要停靠在离爆炸品太近的水源。

⑥灭火人员发现有发生再次爆炸的危险时，应立即向现场指挥报告，现场指挥应迅速作出准确判断，确有发生再次爆炸的征兆或危险时，应立即下达撤退命令。灭火人员接到或听到撤退命令后，应迅速撤至安全地带，来不及撤退时，应就地卧倒。

9.3.3　泄漏事故的应急处理

在化学品的生产、储存和使用过程中，盛装化学品的容器常常发生一些意外的破裂、倒洒等事故，造成化学危险品的外漏，因此需要采取简单、有效的安全技术措施来消除或减少泄漏危险，如果对泄漏控制不住或处理不当，随时有可能转化为燃烧、爆炸、中毒等恶性事故。下面介绍一下化学品泄漏必须采取的应急处理措施。

1）疏散与隔离

在化学品生产、储存和使用过程中一旦发生泄漏，首先要疏散无关人员，隔离泄漏污染区。如果是易燃易爆化学品大量泄漏，这时一定要打"119"报警，请求消防专业人员救援，同时要保护、控制好现场。

2）切断火源

切断火源对化学品的泄漏处理特别重要，如果泄漏物是易燃品，则必须立即消除泄漏污染区域内的各种火源。

3）个人防护

参加泄漏处理人员应对泄漏品的化学性质和反应特征有充分的了解，要在高处和上风处进行处理，严禁单独行动，要有监护人。必要时要用水枪（雾状水）掩护。要根据泄漏品的性质和毒物接触形式，选择适当的防护用品，防止事故处理过程中发生伤亡、中毒事故。

（1）呼吸系统防护

为了防止有毒有害物质通过呼吸系统侵入人体，应根据不同场合选择不同的防护器具。

对于泄漏化学品毒性大、浓度较高,且缺氧情况下,必须采用氧气呼吸器、空气呼吸器、送风式长管面具等。对于泄漏中氧气浓度不低于18%,毒物浓度在一定范围内的场合,可以采用防毒面具(毒物浓度在2%以下的采用隔离式防毒面具,浓度在1%以下采用直接式防毒面具,浓度在0.1%以下采取防毒口罩)。在粉尘环境中可采用防尘口罩。

(2)眼睛防护

为防止眼睛受到伤害,可采用化学安全防护眼镜、安全防护面罩等。

(3)身体防护

为了避免皮肤受到损伤,可以采用带面罩式胶布防毒衣、连衣式胶布防毒衣、橡胶工作服、防毒物渗透工作服、透气型防毒服等。

(4)手防护

为了保护手不受损害,可以采用橡胶手套、乳胶手套、耐酸碱手套、防化学品手套等。

4)泄漏控制

如果在生产使用过程中发生泄漏,要在统一指挥下,通过关闭有关阀门,切断与之相连的设备、管线,停止作业,或改变工艺流程等方法来控制化学品的泄漏。

如果是容器发生泄漏,应根据实际情况,采取措施堵塞和修补裂口,制止进一步泄漏。另外,要防止泄漏物扩散,殃及周围的建筑物、车辆及人群,万一控制不住泄漏,要及时处置泄漏物,严密监视,以防火灾爆炸。

5)泄漏物的处置

要及时将现场的泄漏物进行安全可靠处置。

(1)气体泄漏物处置

应急处理人员要做的只是止住泄漏,如果可能的话,用合理的通风使其扩散不至于积聚,或者喷洒雾状水使之液化后处理。

(2)液体泄漏物处理

对于少量的液体泄漏,可用沙土或其他不燃吸附剂吸附,收集于容器内后进行处理。而大量液体泄漏后四处蔓延扩散,难以收集处理,可以采用筑堤堵截或者引流到安全地点的方法。为降低泄漏物向大气的蒸发,可用泡沫或其他覆盖物进行覆盖,在其表面形成覆盖后,抑制其蒸发,然后进行转移处理。

(3)固体泄漏物处理

固体泄漏物处理用适当的工具收集泄漏物,然后用水冲洗被污染的地面。

9.3.4 中毒事故的应急处理

发生中毒事故时,现场人员应分头采取下述措施。

1)采取有效个人防护

进入事故现场的应急救援人员必须根据发生中毒的毒物,选择佩戴个体防护用品。进入水煤气、一氧化碳、硫化氢、二氧化碳、氮气等中毒事故现场,必须佩戴防毒面具、正压式呼吸器、穿消防防护服;进入液氨中毒事故现场,必须佩戴正压式呼吸器、穿气密性防护服,同时做好防冻伤的防护。

2)询情、侦查

救援人员到达现场后,应立即询问中毒人员、被困人员情况;毒物名称、泄漏量等,并安排侦查人员进行侦查,内容包括确认中毒、被困人员的位置;泄漏扩散区域及周围有无火源、泄漏物质浓度等,并制订处置的具体方案。

3) 确定警戒区和进攻路线

综合侦查情况,确定警戒区域,设置警戒标志,疏散警戒区域内与救援无关人员至安全区域,切断火源,严格限制出入。救援人员在上风、侧风方向选择救援进攻路线。

4) 现场急救

①迅速将染毒者撤离现场,转移到上风或侧上风方向空气无污染地区;有条件时应立即进行呼吸道及全身防护,防止继续吸入染毒。

②立即脱去被污染者的服装;皮肤污染者,用流动清水或肥皂水彻底冲洗;眼睛污染者,用大量流动清水彻底冲洗。

③对呼吸、心跳停止者,应立即进行人工呼吸和心脏按压,采取心肺复苏措施。

④严重者立即送往医院观察治疗。

5) 排除险情

(1) 禁火抑爆

迅速清除警戒区内所有火源、电源、热源和与泄漏物化学性质相抵触的物品,加强通风,防止引起燃烧爆炸。

(2) 稀释驱散

在泄漏储罐、容器或管道的四周设置喷雾水枪,用大量的喷雾水、开花水流进行稀释,控制泄漏物漂流方向和飘散高度。室内加强自然通风和机械排风。

(3) 中和吸收

高浓度液氨泄漏区,喷含盐酸的雾状水中和、稀释、溶解,构筑围堤或挖坑收容产生的大量废水。

(4) 关阀断源

安排熟悉现场的操作人员关闭泄漏点上下游阀门和进料阀门,切断泄漏途径,在处理过程中,应使用雾状水和开花水配合完成。

(5) 器具堵漏

使用堵漏工具和材料对泄漏点进行堵漏处理。

(6) 倒灌转移

液氨储罐发生泄漏,在无法堵漏的情况下,可将泄漏储罐内的液氨倒入备用储罐或液氨槽车。

6) 洗消

(1) 围堤堵截

筑堤堵截泄漏液体或者引流到安全地点,储罐区发生液体泄漏时,要及时关闭雨水阀,防止物料沿明沟外流。

(2) 稀释与覆盖

对于一氧化碳、氢气、硫化氢等气体泄漏,为降低大气中气体的浓度,向气云喷射雾状水稀释和驱散气云,同时可采用移动风机,加速气体向高空扩散。对于液氨泄漏,为减少向大气中的蒸发,可喷射雾状水稀释和溶解或用含盐酸水喷射中和,抑制其蒸发。

（3）收集

对于大量泄漏，可选择用泵将泄漏出的物料抽到容器或槽车内；当泄漏量小时，可用吸附材料、中和材料等吸收中和。

（4）废弃

将收集的泄漏物运至废物处理场所处置，用消防水冲洗剩下的少量物料，冲洗水排入污水系统处理。

9.4 危险化学品事故现场急救技术

现场救护是指在事发现场对伤员实施及时、有效的初步救护，是立足于现场的抢救。事故发生后的几分钟、十几分钟是抢救危重伤员最重要的时刻，医学上称其为"救命的黄金时刻"。在此时间内，抢救及时、正确，生命有可能被挽救；反之，生命可能会丧失或病情加重。现场及时、正确的救护，能为医院救治创造条件，最大限度地挽救伤员的生命和减轻伤残。在事故现场，"第一目击者"应对伤员实施有效的初步紧急救护措施，以挽救生命，减轻伤残和痛苦。然后，在医疗救护下运用现代救援服务系统，将伤员迅速就近送到医疗机构，继续进行救治。

9.4.1 现场救护伤情判断

在进行现场救护时，抢救人员要发扬救死扶伤的人道主义精神，要在迅速通知医疗急救单位前来抢救的同时，沉着、灵活、迅速地开展现场救护工作。遇到大批伤员时，要组织群众进行自救互救。在急救中要坚持先抢后救、先重后轻、先急后缓的原则。对大出血、神志不清、呼吸异常或呼吸停止、脉搏微弱或心跳停止的危重伤病员，要先救命后治伤。对多处受伤的伤员一般要先维持呼吸道通畅、止住大出血、处理休克和内脏损伤，然后处理骨折，最后处理伤口，分清轻重缓急，及时开展急救。常用的生命指征有神志、呼吸、血液循环、瞳孔等。呼吸停止、心跳停止和双侧瞳孔固定散大是死亡的三大特征。

为了有效实施现场救护，应掌握止血术、心肺复苏术、包扎术等通用现场急救技术。

9.4.2 止血术

血液是维持生命的重要物质，成年人血容量约占体重的8%，即 4 000~5 000 mL，如出血量为总血量的20%（800~1 000 mL）时，会出现头晕、脉搏增快、血压下降、出冷汗、肤色苍白、少尿等症状，如出血量达总血量的40%（1 600~2 000 mL）时，就有生命危险。出血伤员的急救，只要稍拖延几分钟就会危及生命。因此，外伤出血是最需要急救的危重症，止血术是外伤急救技术之首。外伤出血分为内出血和外出血。内出血主要到医院救治，外出血是现场急救重点。理论上将出血分为动脉出血、静脉出血、毛细血管出血。动脉出血时，血色鲜红，有搏动，量多，速度快；静脉出血时，血色暗红，缓慢流出；毛细血管出血时，血色鲜红，慢慢渗出。若当时能鉴别，对选择止血方法有重要价值，但有时受现场光线等条件的限制，往往难以区分。现场止血术常用的有5种，使用时要根据具体情况，选用一种或把几种止血法结合一起应用，以最快、最有效、最安全地达到止血目的。

1）指压动脉止血法

指压动脉止血法适用于头部和四肢某些部位的大出血。方法为用手指压迫伤口近心端动脉，将动脉压向深部的骨头，阻断血液流通。这是一种不要任何器械、简便、有效的止血方法，但因为止血时间短暂，常需要与其他方法结合进行。

2）直接压迫止血法

直接压迫止血法适用于较小伤口的出血，用无菌纱布直接压迫伤口处，压迫约 10 min。

3）加压包扎止血法

加压包扎止血法适用于各种伤口，是一种比较可靠的非手术止血法。先用无菌纱布覆盖压迫伤口，再用三角巾或绷带用力包扎，包扎范围应该比伤口稍大。这是一种目前最常用的止血方法，在没有无菌纱布时，可使用消毒丝巾、餐巾等替代。

4）填塞止血法

填塞止血法适用于颈部和臀部较大而深的伤口；先用镊子夹住无菌纱布塞入伤口内，如一块纱布止不住出血，可再加纱布，最后用绷带或三角巾绕颈部至对侧臂根部包扎固定。

5）止血带止血法

止血带止血法只适用于四肢大出血，当其他止血法不能止血时才用此法。止血带有橡皮止血带（橡皮条和橡皮带）、气性止血带（如血压计袖带）和布制止血带，但其操作方法各不相同。

9.4.3 心肺复苏术

心肺复苏术简称 CPR，就是当呼吸终止及心跳停顿时，合并使用人工呼吸及心外按摩来进行急救的一种技术。人员气体中毒、异物堵塞呼吸道等导致的呼吸终止、心跳停顿，在医生到来前，均可利用心肺复苏术维护脑细胞及器官组织不致坏死。

1）心肺复苏步骤

①将病人平卧在平坦的地方，急救者一般站或跪在病人的右侧，左手放在病人的前额上用力向后压，右手放在下颌沿，将头部向上向前抬起。注意让病人仰头，使病人的口腔、咽喉轴呈直线，防止舌头阻塞气道口，保持气道通畅。

②人工呼吸。抢救者右手向下压颌部，撑开病人的口，左手拇指和食指捏住鼻孔，用双唇包封住病人的口外部，用中等的力量，按每分钟 12 次、每次 800 mL 的吹气量，进行抢救。一次吹气后，抢救者抬头作一次深呼吸，同时松开左手。下次吹气按上一步骤继续进行，直至病人有自主呼吸为止。注意吹气不宜过大，时间不宜过长，以免发生急性胃扩张。同时观察病人气道是否畅通，胸腔是否被吹起。

③胸外心脏按压。抢救者在病人的右侧，左手掌根部置于病人胸前胸骨下段，右手掌压在左手背上，两手的手指翘起不接触病人的胸壁，伸直双臂，肘关节不弯曲，用双肩向下压而形成压力，将胸骨下压 4~5 cm（小儿为 1~2 cm）。注意按压部位不宜过低，以免损伤肝、胃等内脏。压力要适宜，过轻不足以推动血液循环；过重会使胸骨骨折，带来气胸血胸。

④按压 30 次之后做两次人工呼吸，通常一个抢救周期为 3 轮，也就是按压 90 次、人工呼吸 6 次。经过 30 min 的抢救，若病人瞳孔由大变小，能自主呼吸，心跳恢复，紫绀消退等，可认为复苏成功。终止心肺复苏术的条件：已恢复自主的呼吸和脉搏；有医务人员到场；心肺复苏术持续 1 h 之后，伤者瞳孔散大固定、心脏跳动、呼吸不恢复，表示脑及心脏死亡。

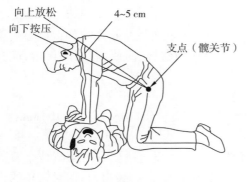

图 9.5　事故急救现场心肺复苏技术

事故急救现场心肺复苏技术如图9.5所示。

2)心肺复苏注意事项

①人工呼吸吹气量不宜过大,一般不超过1 200 mL,胸廓稍起伏即可。吹气时间不宜过长,过长会引起急性胃扩张、胃胀气和呕吐。吹气过程要注意观察患(伤)者气道是否通畅,胸廓是否被吹起。

②胸外心脏按压只能在患(伤)者心脏停止跳动下才能施行。

③口对口吹气和胸外心脏按压应同时进行,严格按吹气和按压的次数比例操作,吹气和按压的次数过多和过少均会影响复苏的成败。

④胸外心脏按压的位置必须准确。不准确容易损伤其他脏器。按压的力度要适宜,过大过猛容易使胸骨骨折,引起气胸血胸;按压的力度过轻,胸腔压力小,不足以推动血液循环。

⑤施行心肺复苏术时应将患(伤)者的衣扣及裤带解松,以免引起内脏损伤。

9.4.4　包扎术

包扎术是化工安全事故中医疗应急救护中的基本技术之一,可直接影响伤病员的生命安全和健康恢复。常用的包扎材料有三角巾和绷带,也可以用其他材料代替。

1)三角巾包扎法

①头部包扎:将三角巾的底边折叠两层约二指宽,放于前额齐眉以上,顶角拉向后颅部,三角巾的两底角经两耳上方,拉向枕后,先作一个半结,压紧顶角,将顶角塞进结里,然后再将左右底角到前额打结(图9.6)。

②面部包扎:在三角巾顶处打一结,套于下颌部,底边拉向枕部,上提两底角,拉紧并交叉压住底边,再绕至前额打结。包完后在眼、口、鼻处剪开小孔(图9.7)。

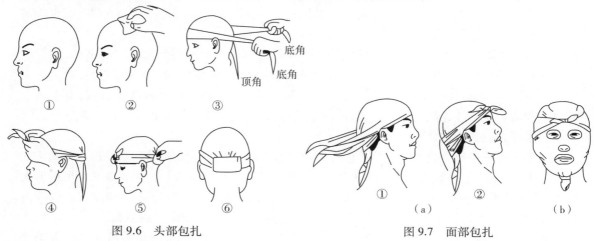

图 9.6　头部包扎　　　　　　　　　　　　图 9.7　面部包扎

③手、足包扎:手(足)心向下放在三角巾上,手指(足趾)指向三角巾顶角,两底角拉向手(足)背,左右交叉压住顶角绕手腕(踝部)打结(图9.8)。

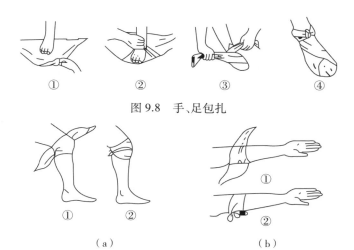

图 9.8　手、足包扎

图 9.9　膝、肘关节包扎

④膝、肘关节包扎:三角巾顶角向上盖在膝、肘关节上,底边反折向后拉,左右交叉后再向前拉到关节上方,压住顶角打结(图 9.9)。

⑤胸背部包扎:取燕尾巾两条,底角打结相连,将连接置于一侧腋下的季肋部,另外两个燕尾底边角围绕胸背部在对侧打结。然后将胸背燕尾的左右两角分别拉向两肩部打结(图 9.10)。

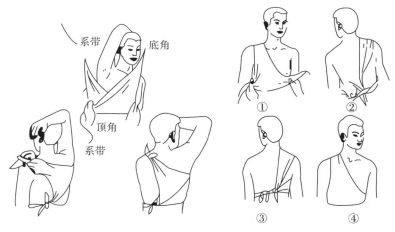

图 9.10　胸背部包扎

2)绷带包扎

①绷带包扎法:用绷带包扎时,应从远端向近端,绷带头必须压住,即在原处环绕数周,以后每缠一周要盖住前一周的 1/3~1/2(图9.11)。

②螺旋包扎法:包扎时,做单纯螺旋上升,每一周压盖前一周的 1/2,多用于肢体和躯干等处(图 9.12)。

3)应急救援包扎技术的注意事项

①动作要迅速准确,不能加重伤员的疼痛、出血和污染伤口。

②包扎不宜太紧,以免影响血液循环;包扎太松会使敷料脱落或移动。

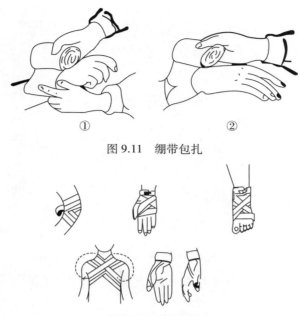

图 9.11 绷带包扎

图 9.12 螺旋包扎

③最好用消毒的敷料覆盖伤口,紧包时也可用清洁的布片。

④包扎四肢时,指(趾)最好暴露在外面,以便观察血液循环。

⑤应用三角巾包扎时,边要固定,角要拉紧,中心伸展,包扎要贴实,打结要牢固。

思考与习题九

1.在应急工作中,应坚守哪些原则?

2.危险化学品事故应急救援的基本任务是什么?

3.请简述心肺复苏的步骤及注意事项。

参考文献

［1］余劲海. 化工安全技术基础［M］. 北京:化学工业出版社,1999.

［2］易俊,鲁宁. 化工生产过程安全技术［M］. 北京:中国劳动社会保障出版社,2010.

［3］许文. 化工安全工程概论［M］. 北京:化学工业出版社,2002.

［4］刘景良. 化工安全技术［M］. 北京:化学工业出版社,2008.

［5］蔡凤英,谈宗山,孟赫. 化工安全工程［M］. 北京:科学出版社,2001.

［6］崔克清,张礼敬,陶刚. 化工安全设计［M］. 北京:化学工业出版社,2004.

［7］中国工程建设标准化协会分会.GB 50489—2009 化工企业总图运输设计规范［S］.北京: 中国计划出版社,2009.

［8］中华人民共和国公安部.GB 50016—2006 建筑设计防火规范［S］. 北京:中国计划出版社,2006.

［9］隋鹏程,陈宝智,陈旭. 安全原理［M］. 北京:化学工业出版社,2005.

［10］Dennis C Hendershot. Inherently safer chemical process design ［J］. *Loss Prevention Process*, 1997,10(3):151-157.

［11］何华刚,裴先明. 化工安全评价探讨［J］. 安全与环境工程,2003,10(1):56-59.

［12］王晓宇. 化工过程本质安全水平指数法评价［D］. 沈阳:东北大学,2006.

［13］宋建池,范秀山,王训遒. 化工厂系统安全工程［M］. 北京:化学工业出版社,2004.

［14］李发荣. 安全评价中对化工典型生产过程的火灾爆炸危险性分析［J］. 安全与健康,2005 (1):29-31.

［15］江涛. 论本质安全［J］. 中国安全科学学报,2000,10(5):1.

［16］Burgess A A,Brennan D J. Application of life assessment to chemical process ［J］. *Chemical Engineering Science*,2001,56:2589-2604.

［17］Markku Hurme,Mostafizur Rahman. Implementing inherent safety throughout process lifecycle ［J］. *Journal of Loss Prevention in the Process Industries*,2005,18:238-244.

［18］邵辉,王凯全. 危险化学品生产安全［M］. 北京:中国石化出版社,2005.

［19］葛挺峰. 基于绿色化工的反应路径评价及选择［D］. 杭州:浙江大学,2004.

［20］田震. 化工过程开发中本质安全化设计策略［J］. 中国安全科学学报,2006,16(12):4-8.

［21］王凯全,邵辉. 危险化学品安全评价方法［M］. 北京:中国石化出版社,2005.

[22] 郭尹亮. 典型化工反应装置危险性研究[D]. 沈阳:东北大学,2004.

[23] 冯肇瑞,杨有启. 化工安全技术手册[M]. 北京:化学工业出版社,1993(2):560-567.

[24] Gunasekera M Y, Edwards D W. Chemical process route selection based upon the potential toxic impact on the aquatic terrestrial and atmospheric environments [J]. *J Loss Prev Process Ind*,2006(19):60-69.

[25] Meel A,Seider W D,Soroush M. Game theoretic approach to multiobjective designs:focus on inherent safety [J]. *AIChE Journal*,2006(52):228-246.

[26] Hurme M, Rahman M. Implementing inherent safety throughout process lifecycle [J]. *J Loss Prev Process Ind*,2005(18):238-244.

[27] Daniel A C, Laurence G B, Walter L F. Perry's chemical engineers' handbook, 23 section, process safety [M]. New York:*McGraw-Hill*, 2008.

[28] 李逢铭. 优化化工安全设计在预防化工事故发生中的作用[J]. 科技创新与应用,2014(28):119.

[29] 刘畅. 加强化工安全设计在预防化工事故发生中的作用[J]. 环球市场信息导报,2013(4):37-84.

[30] 赵文涛,刘克强. 论化工工艺设计中安全危险的识别与控制[J]. 中国石油和化工标准与质量,2013(14):25.

[31] 杜维君,孙迎春,任欢,等. 试论化工设计之中安全危险的识别及其控制手段[J]. 化工管理,2013(8):128.

[32] 汪兰英,杨健. 探讨化工工艺设计中安全危险的问题[J]. 中国石油和化工标准与质量,2013(19):34.

[33] 中华人民共和国住房和城乡建设部.GB 50160—2008　石油化工企业设计防火规范[S]. 北京:中国计划出版社,2008.

[34] 中华人民共和国工业和信息化部.SH 3012—2011　石油化工金属管道布置设计规范[S].北京:中国计划出版社,2011.

[35] 朱智钊. 安全评价的几种方法[J]. 安全生产与监督,2005(3):44-46.

[36] 郑艳琼,王忠波,王冰. 火灾安全评价方法研究[J]. 武警学院学报,2007,23(2):42-47.

[37] 王小群,张兴容. 浅述工业企业常用的安全评价方法[J]. 上海应用技术学院学报,2003,3(1):61-65.

[38] 樊晓华,吴宗之,宋占兵. 化工过程的本质安全化策略初探[J]. 应用基础与工程科学学报,2008,16(2):191-199.

[39] 中华人民共和国化学工业部. HG Z0571—95　化工企业安全卫生设计规定[S]. 北京:中国计划出版社,1995.

[40] 王杭州,邱彤,陈丙珍,等. 本质安全化的化工过程设计方法研究进展[J]. 化学反应工程与工艺,2014(3):254-261.

[41] 张帆,徐伟,石宁,等. 化工过程本质安全化技术研究进展[J]. 安全、健康和环境,2015,15(1):1-4.

[42] 邢银全. 本质安全化的化工过程设计方法探讨[J]. 科学时代,2015(3):34.

[43] Kletz T A. What you don't have can't leak [J]. *Chemistry and Industry*, 1978, 6:287-292.

［44］李杰,马材增,刘桂玲,等. 化工工艺设备本质安全分析［C］. 中国职业安全健康协会 2008 年学术年会论文集.海口:中国职业安全健康协会,2008.

［45］Hendershot D C. An overview of inherently safer design［J］. *Process Safety Progress*, 2006, 25(2):98-107.

［46］Edwards D, Lawrence D. Assessing the inherent safety of chemical process routes: is there a relation between plant costs and inherent safety［J］. *Process Safety and Environmental Protection*, 1993, 71(b): 252-258.

［47］Heikkilä A, Hurme M, Jrvelinen M. Safety considerations in process synthesis［J］. *Computers & Chemical Engineering*, 1996, 20:S115-S120.

［48］Koller G, Fischer U, Hungerbuhler K. Assessing safety, health, and environmental impact early during process development［J］. *Industrial & Engineering Chemistry Research*, 2000, 39(4): 960-972.

［49］Palaniappan C, Srinivasan R, Tan R. Expert system for the design of inherently safer processes 1: route selection stage［J］. *Industrial & Engineering Chemistry Research*, 2002, 41 (26): 6698-6710.

［50］Palaniappan C, Srinivasan R, Tan R B. Expert system for the design of inherently safer processes 2: flowsheet development stage［J］. *Industrial & Engineering Chemistry Research*, 2002, 41(26): 6711-6722.

［51］Gentile M, Rogers W J, Mannan M S. Development of an inherent safety index based on fuzzy logic［J］. *AIChE Journal*, 2003, 49(4): 959-968.

［52］Gentile M, Rogers W J, Mannan M S. Development of a fuzzy logic-based inherent safety index［J］. *Process Safety and Environmental Protection*, 2003, 81(6): 444-456.

［53］王艳华,陈宝智,黄俊. 化工过程本质安全性之模糊评价系统［J］. 中国安全科学学报, 2008(7):128-133.

［54］李求进,陈杰,石超,等. 基于本质安全的化学工艺风险评价方法研究［J］. 中国安全生产 科学技术,2009,5(2):45-50.

［55］Gupta J P, Edwards D W. A simple graphical method for measuring inherent safety［J］. *Journal of Hazardous Materials*, 2003, 104(1/3): 15-30.

［56］Khan F I, Amyotte P R. I2SI: A comprehensive quantitative tool for inherent safety and cost evaluation［J］. *Journal of Loss Prevention in the Process Industries*, 2005, 18 (4/6): 310-326.

［57］Meel A, Seider W D. Game theoretic approach to multiobjective designs: focus on inherent safety［J］. *AIChE Journal*, 2006, 52(1): 228-246.

［58］Srinivasan R, Nhan N T. A statistical approach for evaluating inherent benign-ness of chemical process routes in early design stages［J］. *Process Safety and Environmental Protection*, 2008, 86(3): 163-174.

［59］Leong C T, Shariff A M. Inherent safety index module (ISIM) to assess inherent safety level during preliminary design stage［J］. *Process Safety and Environmental Protection*, 2008, 86 (2): 113-119.

［60］Leong C T, Shariff A M. Process route index（PRI）to assess level of explosiveness for inherent safety quantification［J］. *Journal of Loss Prevention in the Process Industries*, 2009, 22（2）: 216-221.

［61］Khan F I, Sadiq R, Amyotte P R. Evaluation of available indices for inherently safer design options［J］. *Process Safety Progress*, 2003, 22（2）: 83-97.

［62］Rahman M, Heikkil A M, Hurme M. Comparison of inherent safety indices in process concept evaluation［J］. *Journal of Loss Prevention in the Process Industries*, 2005, 18（4/6）: 327-334.

［63］周华,李秀喜,钱宇. 石油化工过程安全技术研究进展［J］. 化工进展, 2008, 205（10）: 1498-1504.

［64］Seider W D, Brengel D D, Widagdo S. Nonlinear analysis in process design［J］. *AIChE Journal*, 1991, 37（1）: 1-38.

［65］袁其朋,钱忠明. 固定化酵母粒子中生产乙醇的定态分岔行为研究［J］. 高校化学工程学报,2003,17（5）: 527-533.

［66］Balakotaiah V, Luss D. Global analysis of the multiplicity features of multi-reaction lumped-parameter systems［J］. *Chemical Engineering Science*, 1984, 39（5）: 865-881.

［67］Balakotaiah V, Luss D. Analysis of the multiplicity patterns of a CSTR［J］. *Chemical Engineering Communications*, 1981, 13（1）: 111-132.

［68］Balakotaiah V, Luss D. Structure of the steady-state solutions of lumped-parameter chemically reacting systems［J］. *Chemical Engineering Science*, 1982, 37（11）: 1611-1623.

［69］Balakotaiah V, Luss D. Multiplicity features of reacting systems: dependence of the steady-states of a CSTR on the residence time［J］. *Chemical Engineering Science*, 1983, 38（10）: 1709-1721.

［70］Razon L F, Schmitz R A. Multiplicities and instabilities in chemically reacting systems: a review［J］. *Chemical Engineering Science*, 1987, 42（5）: 1005-1047.

［71］Razon L F. Stabilization of a CSTR in an oscillatory state by varying the thermal characteristics of the reactor vessel［J］. *International Journal of Chemical and Reactor Engineering*, 2006, 4（4）: 1320.

［72］Monnigmann M, Marquardt W. Steady-state process optimization with guaranteed robust stability and feasibility［J］. *AIChE Journal*, 2003, 49（12）: 3110-3126.

［73］Monnigmann M, Marquardt W. Steady-state process optimization with guaranteed robust stability and flexibility: application to HDA reaction section［J］. *Industrial & Engineering Chemistry Research*, 2005, 44（8）: 2737-2753.

［74］Grosch R, Moennigmann M, Marquardt W. Integrated design and control for robust performance: application to an MSMPR crystallizer［J］. *Journal of Process Control*, 2008, 18（2）: 173-188.

［75］Marquardt W, Mönnigmann M. Constructive nonlinear dynamics in process systems engineering［J］. *Computers & Chemical Engineering*, 2005, 29（6）: 1265-1275.

［76］ Gerhard J, Moennigmann M, Marquardt W. Steady state optimization with guaranteed stability of a tryptophan biosynthesis model［J］. *Computers & Chemical Engineering*, 2008, 32(12): 2914-2919.

［77］ Lemoine-Nava R, Flores-Tlacuahuac A, Saldívar-Guerra E. Non-linear bifurcation analysis of the living nitroxide-mediated radical polymerization of styrene in a CSTR［J］. *Chemical Engineering Science*, 2006, 61(2): 370-387.

［78］ Zavala-Tejeda V, Flores-Tlacuahuac A, Vivaldo-Lima E. The bifurcation behavior of a polyurethane continuous stirred tank reactor［J］. *Chemical Engineering Science*, 2006, 61(22): 7368-7385.

［79］ Katariya A, Moudgalya K, Mahajani S. Nonlinear dynamic effects in reactive distillation for synthesis of TAME［J］. *Industrial and Engineering Chemistry Research*, 2006, 45(12): 4233-4242.

［80］ Mancusi E, Merola G, Crescitelli S, et al. Multistability and hysteresis in an industrial ammonia reactor［J］. *AIChE Journal*, 2000, 46(4): 824-828.

［81］ 周玉平, 周洁. 微生物连续发酵模型及其应用综述［J］. 微生物学通报, 2010, 37(2): 269-273.

［82］ Wong C L, Huang C C, Chen W M, et al. Converting crude glycerol to 1,3-propandiol using resting and immobilized Klebsiella sp. HE-2 cells［J］. *Biochemical Engineering Journal*, 2011, 58-59: 177-183.

［83］ Menzel K, Zeng A P, Deckwer W D. High concentration and productivity of 1,3-propanediol from continuous fermentation of glycerol by Klebsiella pneumoniae［J］. *Enzyme and Microbial Technology*, 1997, 20(2): 82-86.

［84］ 申渝, 葛旭萌, 李宁, 等. 高浓度乙醇连续发酵振荡过程中代谢通量分析及诱发机理［J］. 化工学报, 2009, 60(6): 1519-1528.

［85］ 申渝, 白凤武. 酵母细胞连续发酵过程振荡现象的研究进展［J］. 化工学报, 2010, 61(3): 537-543.

［86］ Wittmann C, Hans M, van Winden W A, et al. Dynamics of intracellular metabolites of glycolysis and TCA cycle during cell-cycle-related oscillation in Saccharomyces cerevisiae［J］. *Biotechnology and Bioengineering*, 2005, 89(7): 839-847.

［87］ 杨蕾, 陈丽杰, 白凤武. 高浓度酒精连续发酵过程中振荡行为的模拟及填料弱化振荡的机理［J］. 化工学报, 2007, 58(3): 715-721.

［88］ 陈令伟, 葛旭萌, 赵心清, 等. 木块填料对高浓度乙醇连续发酵过程中振荡行为的弱化机制［J］. 化工学报, 2007, 58(10): 2624-2628.

［89］ 张乃禄, 刘灿. 安全评价技术［M］. 西安: 西安电子科技大学出版社, 2007.

［90］ 国家安全生产监督管理总局. 安全评价［M］. 3版. 北京: 煤炭工业出版社, 2005.

［91］ Keller II G E, Bryan P F. Process engineering moving in new directions［J］. *Chemical Engineering Progress*, 2000(1): 41-50.

［92］ 费维扬. 过程强化的若干新进展［J］. 世界科技研究与发展, 2004, 26(5): 1-4.

[93] 张义玲,毛兴民,王天寿. 国内外硫磺回收工业发展现状对比与展望[J]. 石油化工环境保护,2000(2):19-25.

[94] Linde A G. Sulfur recovery in high yield from hydrogen sulfide and sulfur dioxide containing gas: DE, 19730510[P]. 1997-07-16.

[95] 蒲远洋,诸林,杜通林. 亚露点硫磺回收及尾气处理新进展[J].天然气与石油,2006,24(1):42-46.

[96] 王晓慧,张艳君. 克劳斯硫磺回收技术进展综述[J]. 工业科技,2008,37(2):35-36.

[97] 张世成,顾月章. 硫黄回收装置设备设计的几个问题[J]. 炼油设计,2001,31(4):24-26.

[98] Sulzer Chemtech Limited. Separation column design and sizing program:help document[J]. *Lab on a Chip*, 2004(7): 403-406.

[99] 黄洁,郭维光,张学. 金属孔板波纹填料的传质计算[J]. 化工设计,1998(6):16-20.

[100] Olujic Z, Kamerbeek A B, Graauw J D. A corrugation geometry based model for efficiency of structured distillation packing [J]. *Chem Eng Prog*, 1999,38:683-695.

[101] 孔锐睿,仇汝臣,周田惠. 单纯形的加速算法[J]. 南京理工大学学报,2003,27(2): 209-213.

[102] 方向晨,黎元生,刘全杰. 化工过程强化技术是节能降耗的有效手段[J]. 当代化工, 2008,37(1):1-4,34.

[103] Haridasan Nair, Sudip Mukhopadhyay, Michael Van DerPuy. Direct conversion of HCFC - 225ca/cb mixture to HFC-245cb and HFC-1234yf: US,7470828 B2[P]. 2008-12-30.

[104] Michael Van Der Puy, George R Cook, Kevin D Uhrich, et al. Process for manufacture of fluoinated olefins: US,7560602B2[P]. 2009-01-14.

[105] Kiyohiko Ihara, Fumihiko Yamaguchi, Shinichi Yamane.Method for producing fluorine -containing olefin: US,4900874[P]. 1990-02-13.

[106] 张明. 化工设备安全管理创新思路探析[J]. 化工管理,2013(10): 59-59.

[107] 聂小光. 化工设备安全管理创新思路分析[J]. 中国石油和化工标准与质量,2011, 31(7): 268.

[108] 黄心梅. 化工设备安全管理创新思路分析[J]. 中国化工贸易, 2012(7): 121.

[109] 王显龙. 化工设备安全管理的创新策略[J]. 化工管理,2013(24): 64.

[110] 宋向东. 浅谈化工设备的创新安全管理[J]. 河南化工,2014(9): 10-14.

[111] 李玉刚. 基于设备故障的间歇化工过程反应型调度[J]. 计算机与应用学,2008(4): 13-15.

[112] 王茂贵,王国明. 浅谈设备故障率[J]. 化工机械,2003(7):23-35.

[113] 刘文涛. 状态监测与故障诊断技术在化工设备维护中的应用[J]. 价值工程,2011(17):43.

[114] 刘畅. 状态监测与故障诊断技术在化工设备维护中的应用[J]. 中国石油和化工标准与质量,2013(13):20.

[115] 尹恺. 化工机械设备安装工程质量控制措施[J]. 科技资讯,2013(19):141-142.

[116] 张廷良. 谈论化工机械设备安装工程中的质量控制[J]. 科学与财富,2013(7):111.

［117］盛兆顺,尹琦岭.设备状态监测与故障诊断技术及应用［M］.北京:化学工业出版社,2003.

［118］赵兴仁.典型机械设备安装工程施工技术［M］.北京:中国环境科学出版社,2009.

［119］刘香正.浅谈化工机械设备状态的诊断与分析［J］.黑龙江科技信息,2011(30):86.

［120］李建华.在线设备状态监测与故障诊断技术的应用［J］.石油化工设备,2010(3):73-75.

［121］刘至祥,钱义刚,陈学银,等.状态监测与分析系统在大型机组中的应用［J］.石油化工设备,2007(1):80-83.

［122］卢群辉.设备故障诊断与状态监测技术现状及应用探讨［J］.石油机械,2003(31):119-121.

［123］胡林,颜运昌.设备状态监测网及故障诊断系统简介［J］.机械制造,2002,40(459):50-51.

［124］张芮.热连轧主传动设备状态监测与故障诊断系统的设计及应用［J］.冶金自动化,2008(3):65-68.

［125］赵贵征,潘贲,李付景.状态监测技术在高速旋转设备轴承故障诊断中的应用［J］.设备管理与维修,2008(12):42-43.

［126］胡晓峰.旋转机械设备状态监测技术应用［J］.内蒙古石油化工,2008(19):66-67.

［127］黄永昌,张建旗.现代材料腐蚀与防护上海［M］.上海:上海交通大学出版社,2012.

［128］王凤平,康万利,敬和民.腐蚀电化学原理［M］.北京:化学工业出版社,2008.

［129］柯伟.中国腐蚀调查报告北京［M］.北京:化学工业出版社,2003.

［130］李兵.金属的腐蚀与防护［J］.金属世界,2005(4):41-43.

［131］董泽华,李铁成,罗逸,等.管线腐蚀与防护势态的灰色评估研究［J］.腐蚀科学与防护技术,2001,13(6):355-358.

［132］Kassomenos P, Karayannis A, Panagopoulos I, et al. Modelling the dispersion of a toxic substance at a workplace ［J］. *Environmental Modelling & Software*,2008,23(1):82-89.

［133］Di Sabatino S, Buccolieri R, Pulvirenti B, et al. Simulations of pollutant dispersion within idealised urban-type geometries with CFD and integral models ［J］. *Atmospheric Environment*,2007,41(37):8316-8329.

［134］Scargiali F, Di Rienzo E, Ciofalo M, et al. Heavy gas dispersion modelling over a topographically complex mesoscale:a CFD based approach ［J］. *Process Safety and Environmental Protection*,2005,83(3):242-256.

［135］刘作华,陈超,刘仁龙,等.刚柔组合搅拌桨强化搅拌槽中流体混沌混合［J］.化工学报,2014,65(1):61-70.

［136］刘作华,唐巧,王运东,等.刚柔组合搅拌桨增强混合澄清槽内流体宏观不稳定性［J］.化工学报,2014,65(1):78-86.

［137］刘作华,曾启琴,王运东,等.柔性桨强化高黏度流体混合的能效分析［J］.化工学报,2013,64(10):3260-3265.

［138］刘作华,宁伟征,孙瑞祥,等.偏心空气射流双层桨搅拌反应器流场结构的分形特征［J］.化工学报,2011,62(3):628-635.

[139] 朱俊,周政霖,刘作华,等. 刚柔组合搅拌桨强化流体混合的流固耦合行为[J]. 化工学报,2015,66(10):3849-3856.

[140] 刘作华,曾启琴,杨鲜艳,等. 刚柔组合搅拌桨与刚性桨调控流场结构的对比[J]. 化工学报,2014,65(6):2078-2084.

[141] 魏利军,张政,胡世明,等. 重气扩散的数值模拟[J]. 中国安全科学学报,2000,10(2):26-34.

[142] 胡世明. 气体释放源的三维瞬态重气扩散模型及数值研究[D]. 北京:北京化工大学,2000.

[143] 安宇. 用于化学事故应急反应的大气扩散数值模拟研究[D]. 北京:北京化工大学,2007.

[144] 于洪喜,李振林,张建,等. 高含硫天然气集输管道泄漏扩散数值模拟[J]. 中国石油大学学报:自然科学版,2008,32(2):119-122.

[145] 黄琴,蒋军成. 重气泄漏扩散实验的计算流体力学(CFD)模拟验证[J]. 中国安全科学学报,2008,18(1):50-55.

[146] 刘作华,许传林,何木川,等. 穿流式刚-柔组合搅拌桨强化混合澄清槽内油-水两相混沌混合[J]. 化工学报,2017,68(2):637-642.

[147] 刘仁龙,李爽,刘作华,等. 穿流-柔性组合桨强化搅拌槽中流体混沌混合特性[J]. 化工学报,2017,67(7):3078-3083.

[148] 颜峻,左哲. CFD方法对突发性化学事故中危险物质泄漏范围的确定[J]. 中国安全科学学报,2007,17(1):102-106.

[149] Deyin Gu, Zuohua Liua, Chuanlin Xu, et al. Solid-liquid mixing performance in a stirred tank with a double punched rigid- flexible impeller coupled with a chaotic motor [J]. *Chemical Engineering & Processing:Process Intensification*,2017,118:37-46.

[150] Zuohua Liu, Haixian He, Jun Zhu, et al. Energy saving and noise reduction of flow mixing performance intensified by rigid-flexible combination impeller [J]. *Asia-Pacific Journal of Chemical Engineering*, 2015,10(5):700-708.

[151] 刘作华,周政霖,朱俊,等. 湿法提钒浸出段搅拌反应器结构的优化[J]. 化工进展,2015,34(5):1241-1245.

[152] 刘作华,阿依努尔·努尔艾合买提,连欣,等. 空气强化转炉钒渣湿法浸出行为[J]. 化工学报,2014,65(9):3464-3469.

[153] 多英全. 化工企业的风险与控制[J]. 现代职业安全,2010(10):14-16.

[154] 中华人民共和国国家统计局.中国统计年鉴 2010[M].北京:中国统计出版社,2010.

[155] 张运申. 化工安全生产中存在的问题及对策[J]. 石化技术,2015(2):211-212.

[156] 张荣斌. 化工安全生产中存在的问题及其对策分析田[J]. 化工管理,2015(11):251.

[157] 高建国. 关于"四沿"化工安全的战略性思考与分析[J]. 化工管理,2014,34(14):452-454.

[158] 陈萌. 谈安全评价及其方法[J]. 工业安全与环保,1999(6):46-48.

[159] 李一铷. 火灾、爆炸危险评价方法选择及介绍[J]. 劳动保护科学技术,2000(1):43-46.

［160］梁庆棠. 蒙德法与道化法的选取［J］. 中国安全科学学报,2000,10(4):55.

［161］陈国华,张良,高子文. 社会化危化品应急救援队伍建设和服务模式探索［J］. 中国安全生产科学技术,2016,12(2):9-14.

［162］王慧飞. 重视自身化工事故应急救援能力是企业的当务之急［J］. 安全,2016(4):36-37.

［163］王晓明,何天平. 江苏省化工企业应急救援现状分析［J］. 中国安全生产科学技术,2008(5):126-129.

思考与习题参考答案

〰〰〰〰〰〰〰〰〰〰〰〰〰〰〰〰〰〰〰〰〰〰〰〰〰〰〰〰〰〰〰

思考与习题一

1. （1）特点

①涉及物料多，危险程度高；

②生产工艺条件苛刻；

③生产规模大型化；

④生产方式日趋自动化。

（2）伴生危险

①很多化工物料的易燃性、反应性和毒性本身决定了化学工业生产事故的多发性和严重性。反应器、压力容器的爆炸以及燃烧传播速度超过声速的爆轰，都会产生破坏力极强的冲击波，冲击波将导致周围厂房建筑物的倒塌，生产装置、储运设施的破坏以及人员的伤亡。

②随着化学工业的发展，化工生产呈现设备多样化、复杂化以及过程连接管道化的特点。如果管线破裂或设备损坏，会造成大量易燃气体或液体瞬间泄放，迅速蒸发形成蒸气云团，与空气混合达到爆炸下限。云团随风飘移，飞至居民区遇明火爆炸，会造成难以想象的灾难。

③化工装置的大型化使大量化学物质都处于工艺过程或贮存状态，一些密度比空气大的液化气体如氨、氯等，在设备或管道破裂处会以 $15° \sim 30°$ 呈锥形扩散，在扩散宽度 100 m 左右时，人才容易察觉迅速逃离，但在距离较远而毒气尚未稀释到安全值时，人则很难逃离并导致中毒，毒气影响宽度可达 1 000 m，甚至更宽。

2.略。

思考与习题二

一、简答题

1.①传统的安全设计。传统的安全设计是指化工装置的安全设计,以系统科学的分析为基础,定性、定量地考虑装置的危险性,同时以过去的事故等所提供的教训和资料来考虑安全措施,以防再次发生类似的事故。

②本质安全设计。本质安全设计不同于传统的安全设计,前者是消除或减少设备装置中的危险源,旨在降低事故发生的可能性;后者是采用外加的保护系统对设备装置中存在的危险源进行控制,着重降低事故的严重性及其导致的后果。

2.(1)厂址选择

化工厂的厂址选择是一个复杂的问题,它涉及原料、水源、能源、土地供应、市场需求、交通运输和环境保护等诸多因素,应对这些因素全面综合地考虑,权衡利弊,才能作出正确的选择。

(2)总平面布置

①总体布置紧凑合理,节约建设用地。

②合理缩小建、构筑物间距;厂房集中布置或加以合并;充分利用废弃场地;扩大厂间协作,节约建设用地。

③合理划分厂区,满足使用要求,留有发展余地。

④确保安全、卫生,注意主导风向,有利环境保护。

⑤结合地形地质,因地制宜,节约建设投资。

⑥妥善布置行政生活设施,方便生活、管理。

⑦建筑群体组合,注意厂房特点、布置整齐统一。

⑧注意人流、货流和运输方式的安排。正确选择厂内运输方式,布置运输线路,尽量做到便捷、合理、无交叉返复,防止人货混流、人车混流、事故发生。

⑨考虑形体组合,注意工厂美化绿化。车间外形各不相同,尽量组合完美。工厂道路、沟渠、管线安排,尽量外形美化,车间道路和场地应有绿化地带、规划绿地和绿化面积。

3.(1)管道布置的设计思路

①确定各类管网的敷设方式。除按规定必须埋设地下的管道外,厂区管道应尽量布置在地上,并采用集中管架和管墩敷设,以节约投资,便于维修和施工。

②确定管道走向和具体位置,坐标及相对尺寸。

③协调各专业管网,避免拥挤和冲突。

(2)管道布置原则与要求

①管道一般平直敷设,与道路、建筑、管线之间互相平行或成直角交叉。

②应满足管道最短,直线敷设、减少弯转、减少与道路铁路的交叉和管线之间的交叉。

③管道不允许布置在铁路线下面,尽可能布置在道路外面,可将检修次数较少的雨水管及污水管埋设在道路下面。

④管道不应重复布置。

⑤干管应靠近主要使用单位,尽量布置在连接支管最多的一边。

⑥考虑企业的发展,预留必要的管线位置。

⑦管道交叉避让原则:小管让大管;易弯曲的让难弯曲的;压力管让重力管;软管让硬管;临时管让永久管。

4.(1)车间布置的设计思路

①具有厂区总平面布置图。

②厘清本车间与其他各生产车间、辅助生产车间、生活设施以及本车间与车间内外的道路、铁路、码头、输电、消防等的关系,了解有关防火、防雷、防爆、防毒和卫生等国家标准与设计规范。

③熟悉本车间的生产工艺并绘出管道及仪表流程图;熟悉有关物性数据、原材料和主、副产品的贮存、运输方式和特殊要求。

④熟悉本车间各种设备、设备的特点、要求及日后的安装、检修、操作所需空间、位置。如根据设备的操作情况和工艺要求,决定设备装置是否露天布置,是否需要检修场地,是否经常更换等。

⑤了解与本车间工艺有关的配电、控制仪表等其他专业和办公、生活设施方面的要求。

⑥具有车间设备一览表和车间定员表。

(2)车间布置设计原则与要求

①车间布置设计要适应总图布置要求,与其他车间、公用系统、运输系统组成有机体。

②最大限度地满足工艺生产,包括设备维修要求。

③经济效果要好。有效地利用车间建筑面积和土地;要为车间技术经济先进指标创造条件。

④便于生产管理,安装、操作、检修方便。

⑤要符合有关的布置规范和国家有关的法规,妥善处理防火、防爆、防毒、防腐等问题,保证生产安全,还要符合建筑规范和要求。人流货流尽量不要交错。

⑥要考虑车间的发展和厂房的扩建。

⑦考虑地区的气象、地质、水文等条件。

5.建筑物的构件根据其材料的燃烧性能可分为以下两类:

①非燃烧体。用非燃烧材料做成的构件。非燃烧材料是指在空气中受到火烧或高温作用时不起火、不微燃、不碳化的材料,如建筑物中采用的金属材料、天然无机矿物材料等。

②难燃烧体。用难燃烧材料做成的构件,或用燃烧材料做成而用非燃烧材料作保护层的构件。难燃烧材料是指在空气中受到火烧或高温作用时难起火、难微燃、难碳化,当火源移走后燃烧或微燃立即停止的材料,如沥青混凝土、经过防火处理的木材等。

6.(1)防火门

防火门是装在建筑物的外墙、防火墙或者防火壁的出入口,用来防止火灾蔓延的门。防火门具有耐火性能,当它与防火墙形成一个整体后,就可以达到阻断火源、防止火灾蔓延的目的。防火门的结构多种多样,常用的结构有卷帘式铁门、单面包铁皮防火门等。

(2)防火墙

防火墙是专门防止火灾蔓延而建造的墙体。其结构有钢筋混凝土墙、砖墙、石棉板墙和钢板墙。为了防止火灾在一幢建筑物内蔓延燃烧,通常采用耐火墙将建筑物分割成若干小区。

但是,由于建筑物内增设防火墙,从而使其成为复杂结构的建筑物,如果防火墙的位置设置不当,就不能发挥防火的效果。例如,在一般的 L、T、E 或 H 形的建筑物内,要尽可能避免将防火墙设在结构复杂的拐角处。

(3)防火壁

防火壁的作用也是为了防止火灾蔓延。防火墙是建在建筑物内,而防火壁是建在两座建筑物之间,或者建在有可燃物存在的场所,像屏风一样单独屹立。其主要目的是用于防止火焰直接接触,同时还能够隔阻燃烧的辐射热。防火壁不承重,所以不必具有防火墙那样的强度,只要具有适当的耐火性能即可。

二、判断题

1.(√) 2.(√) 3.(×) 4.(√) 5.(√)

思考与习题三

一、简答题

1.本质安全化的化工过程设计策略有:

①可行性分析。所谓可行性分析,即通过对国家职业卫生和安全生产法律法规的贯彻执行,促进项目实现本质安全。

②工艺探索。通过相关工艺处理原料转化为产品的过程即化工过程,而在化工过程中化学反应占据着核心位置,所以化学反应工艺设计在系统集成中具有本质的重要性。

③概念设计。概念设计阶段设计要侧重降低过程环境影响和实现经济最优。

④基础设计。基础设计阶段以生产装置形式设计为主,一般是通过提高设备可靠性实现本质安全提升。

⑤工程设计。工程设计阶段要以上一阶段设计内容为基础,一方面增加对定型设备规格型号、材质及零部件等要素详细说明的清单,另一方面需要设计装配制造非定型设备的加工图。

2.(1)多稳态特征的含义

描述化工过程的动态方程,即状态变量对于时间的常微分方程组,通常具有多个稳态解。稳态解是指动态系统中使得系统变化率为零的操作点。根据稳态点在扰动后是否能够回复到之前稳态操作点的动态特性,可以将稳态操作点划分为稳定的稳态操作点和不稳定的稳态操作点。

(2)稳定性的量化表征

从稳定的稳态操作点遇到扰动后的动态响应特性来定量描述:稳定的稳态操作点能够承受的最大扰动范围,稳定的稳态点在扰动后回复到之前操作点的速率。

3.①安全第一、预防为主的原则。以人为本、安全第一是本质安全设计的最高目标。生产和安全相互依存,不可分割。离开生产活动,安全就失去了意义,没有安全保障,生产就不能顺利进行。安全和生产的辩证关系要求石油化工装置本质安全设计过程中必须执行有效性服从安全性的原则。

②设备技术优先原则。大量事故和试验证明,人的失误率相对较高,而设备的失误率(故障率)较低。因此,创造失误率很低的物质技术条件来保障安全生产,就成为必然的选择。要保障安全生产,工艺技术、工具设备、控制系统和建筑设施等应具有预防人为失误和设备故障引发事故的功能,最低限度也要做到即使发生事故,人员不受伤害或能安全撤离,以降低事故的严重程度,这就是本质安全设计的设备技术优先原则。

③目标故障原则。故障是功能单元终止执行要求功能的能力,根据故障的表现形式可分为显形故障和隐形故障。显形故障是指能够显示自身存在的故障,属于安全故障。隐形故障是指不能显示自身存在的故障,属于危险故障。危险故障是使本质安全系统处于危险并使其功能失效的潜在故障,隐形故障一旦出现,可能使生产装置陷入危险。本质安全系统的设计目标就是使系统具有零隐形故障,并且尽量少的影响有效性的显形故障,从而实现装置生产的零事故。

④故障安全原则。故障安全包括失误安全和故障安全。失误安全是指失误操作不会导致装置事故发生或自动阻止误操作的能力。故障安全即为设备、设施、工艺发生故障时,装置还能暂时正常工作或自动转变为安全状的功能。冗余、容错、重化是实现故障安全的本质安全设计方法。危险源识别、风险评价、设计对策是实现故障安全的重要程序和内容。

⑤安全性、有效性、经济性综合原则。有效性和安全性的目标是矛盾的,有效性的目标是使过程保持运行(安全—运行),而安全性的目标是使过程停下来(安全—停车)。提高安全性必然降低有效性。经济性综合原则就是根据装置运行要求、工艺特点,在满足设计安全等级的前提下,尽量提高装置的有效性,以减少装置的无谓停车,提高生产的经济效益。提高装置的有效性和安全性,必然增加装置的成本开销。多余的冗余以及富余的安全等级是一种浪费。科学的设计方法就是根据实际的生产过程,选择合理的系统冗余度。对于不是很重要的过程,可以牺牲一些系统安全性来提高项目的经济性和系统的有效性,而对于主要的、高危的生产过程则采用较高冗余度,以确保生产的安全平稳。在安全和经济发生冲突时,必须执行安全第一的原则。

4.(1)化工过程强化的概念

化工过程强化,即通过技术创新,改进工艺流程,提高设备效率,使工厂布局更紧凑,单位能耗更低,三废更少。

(2)化工过程强化与化工本质安全之间的关系

①过程强化是本质安全化工过程开发的一个重要方法,因为它可以减少过程中有害物质的存料量,从而减少内在风险。主动和程序的策略通常也是化工过程风险管理项目的一部分。因为消除所有危害通常是不可能的。

②过程强化也可以使主动和程序的安全装置更有效、更经济。安全装置可以更小,成本更低。利用安全装置来保护小型装置是可行的,但对于大型装置就不现实了。小型装置的响应

时间较短,这样可以有效地自动或手动干预以检测到早期的问题,并采取措施防止形成严重的事故。

③过程强化是实现化工处理和制造相关的危害最小化的一个重要方法,也是将来安全、环境友好且具有竞争力的化工厂设计中的一个重要因素。

二、判断题

1.(√) 2.(√) 3.(×) 4.(√)

思考与习题四

一、简答题

1.爆炸品、压缩气体和液化气体、易燃液体、易燃固体、自然物品和遇湿易燃物品、氧化剂和有机过氧化物、毒害品和感染性物品、放射性物品、腐蚀品等。

2.呼吸阀、阻火器、测量孔、进出油管、泡沫发生器、洒水装置、静电接地线、避雷针、排水管。

3.最高工作压力大于或等于 0.1MPa,内直径大于或等于 0.15 m,且容积大于或等于 0.025 m³,介质为气体、液化气体或最高工作温度高于或等于标准沸点的液体容器。

①按工作压力分类:低压、中压、高压、超高压。

②按用途分类:反应容器、换热容器、分离容器、储存容器。

③按危险性和危害性分类:一类压力容器、二类压力容器、三类压力容器。

4.①安全阀:当压力超过设定值时,安全阀在压力作用下自行开启,泄压以防容器或管线的破坏。

②防爆片:断裂型的安全泄压装置。

③防爆帽:断裂型的安全泄压装置。

④压力表:检测设备工作压力。

⑤液位计:液位指示。

5.①检查锅炉水位是否正常,气压是否稳定,仪表是否正常,各指示、信号是否正常;②检查锅炉燃烧情况,注意蒸发量与负荷是否适应;③检查转动轴承的温升是否超限,有无漏油现象;④检查烟道、风道等有无漏风现象;⑤检查给水设备、管道及其附件是否完好;⑥检查锅炉本体受压部件有无渗漏、变形等异常情况;⑦检查发现问题要及时处理,检查结果录入记录中。

6.压力容器在正常工作压力运行时,安全阀保持严密不漏,当压力超过设定值时,安全阀的在压力作用下自行开启,使容器泄压,以防止容器或管线的破坏。当容器的压力泄压至正常范围时,它又能自行关闭,停止泄压。

二、判断题

1.(×) 2.(√) 3.(×) 4.(√) 5.(√) 6.(√) 7.(×) 8.(√) 9.(×) 10.(√)

思考与习题五

1.略。
2.略。

思考与习题六

一、简答题

1.化学爆炸的主要特点是:反应速度极快,放出大量的热,产生大量的气体。

2.易燃气体除具有爆炸性外,有的还具有易燃性、助燃性、毒害性、窒息性等性质。

3.易燃固体对摩擦、撞击、震动也很敏感。震动、撞击等也能起火燃烧甚至爆炸。

4.国家对危险化学品的运输实行资质认定制度,未经资质认定,不得运输危险化学品。

二、判断题

1.(×) 2.(×) 3.(√) 4.(√)

思考与习题七

一、简答题

1.①日常安全检查。②综合性安全检查。③专项安全检查。④季节性安全检查。⑤隐患整改跟踪检查。

2.①国家安全法律法规、规章、标准及企业安全安全管理制度和安全操作规程。

②国内外事故案例和企业以往的事故情况。

③生产装置危险有害因素辨识报告。

④分析人个人的经验和可靠的参考资料。

⑤有关研究成果,同行业或类似行业检查表等。

3.①危险化学品安全技术说明书和安全标签的管理。

②危险化学品"一书一签"制度的执行情况。

③24小时应急咨询服务或应急代理。

④危险化学品相关安全信息的宣传与培训。

二、判断题

1.(√) 2.(√) 3.(√) 4.(×) 5.(√) 6.(×) 7.(×)

思考与习题八

一、简答题

1.①促进实现本质安全化生产。

②实现全过程安全控制。

③建立系统安全的最优方案,为决策者提供依据。

④为实现安全技术、安全管理的标准化和科学化创造条件。

2.充分性原则,适应性原则,系统性原则,针对性原则,合理性原则。

3.①发现安全问题。

②确定目标。

③价值准则。

④拟制方案。

⑤分析评估。

⑥方案优选。

⑦试验验证。

⑧普遍实施。

4.综合原因理论认为,事故是社会因素、管理因素和生产中危险因素被偶然事件触发所造成的结果。意外事件之所以触发,是由于生产中环境条件存在着危险即不安全状态和人的不安全行为共同构成事故的直接原因。这些物质的、环境的和人为的是由于管理上的缺陷、失误所导致,是造成直接原因的间接原因。形成间接原因的因素包括社会经济、文化、教育、社会历史、法律等基础原因,统称为社会因素。

5.①优点:危险指数评价法中由于指数的采用,使得系统结构复杂、难以用概率计算事故可能性的问题,通过划分为若干个评价单元的办法得到了解决。这种评价方法,一般将有机联系的复杂系统,按照一定的原则划分为相对独立的若干个评价单元,针对每个评价单元逐步推算事故可能损失和事故危险性以及采取安全措施的有效性,再比较不同评价单元的评价结果,确定系统最危险的设备和条件。评价指数值同时含有事故发生的可能性和事故后果两方面的因素,避免了事故概率和事故后果难以确定的缺点。

②缺点:采用的安全评价模型对系统安全保障设施(或设备、工艺)的功 能重视不够,评价过程中的安全保障设施(或设备、工艺)的修正系数,一般只与设施(或设备、工艺)的设置条件和覆盖范围有关,而与设施(或设备、工艺)的功能、优劣等无关。特别是忽略了系统中的危险物质和安全保障设施(或设备、工艺)间的相互作用关系。而且,给定各因素的修正系数后,这些修正系数只是简单地相加或相乘,忽略了各因素之间的重要度的不同。

因此,使用该类评价方法,只要系统中危险物质的种类和数量基本相同,系统工艺参数和空间分布基本相似,即使不同系统服务年限有很大不同而造成实际安全水平已经有了很大的差异,其评价结果也是基本相同的,从而导致该类评价方法的灵活性和敏感性较差。

二、判断题

1.(√)　　2.(√)　　3.(×)　　4.(√)

思考与习题九

1.①以人为本,安全第一。

②统一指挥,分级负责。

③快速响应,果断处置。

④预防为主,平战结合。

2.①控制危险源。

②抢救受害人员。

③指导群众防护,组织群众撤离。

④做好现场清除,消除危害后果。

⑤查清事故原因,估算危害程度。

3.(1)心肺复苏步骤

①将病人平卧在平坦的地方,急救者一般站或跪在病人的右侧,左手放在病人的前额上用力向后压,右手放在下颌沿,将头部向上向前抬起。注意让病人仰头,使病人的口腔、咽喉轴呈直线,防止舌头阻塞气道口,保持气道通畅。

②人工呼吸。抢救者右手向下压颌部,撑开病人的口,左手拇指和食指捏住鼻孔,用双唇包封住病人的口外部,用中等的力量,按每分钟12次、每次800 mL的吹气量,进行抢救。一次吹气后,抢救者抬头作一次深呼吸,同时松开左手。下次吹气按上一步骤继续进行,直至病人有自主呼吸为止。注意吹气不宜过大,时间不宜过长,以免发生急性胃扩张。同时观察病人气道是否畅通,胸腔是否被吹起。

③胸外心脏按压。抢救者在病人的右侧,左手掌根部置于病人胸前胸骨下段,右手掌压在左手背上,两手的手指翘起不接触病人的胸壁,伸直双臂,肘关节不弯曲,用双肩向下压而形成压力,将胸骨下压4~5 cm(小儿为1~2 cm)。注意按压部位不宜过低,以免损伤肝、胃等内脏。压力要适宜,过轻不足以推动血液循环;过重会使胸骨骨折,带来气胸血胸。

④按压30次之后做两次人工呼吸,通常一个抢救周期为3轮,也就是按压90次、人工呼吸6次。经过30 min的抢救,若病人瞳孔由大变小,能自主呼吸,心跳恢复,紫绀消退等,可认为复苏成功。终止心肺复苏术的条件:已恢复自主的呼吸和脉搏;有医务人员到场;心肺复苏术持续1 h之后,伤者瞳孔散大固定、心脏跳动、呼吸不恢复,表示脑及心脏死亡。

(2)注意事项

①人工呼吸吹气量不宜过大,一般不超过1 200 mL,胸廓稍起伏即可。吹气时间不宜过长,过长会引起急性胃扩张、胃胀气和呕吐。吹气过程要注意观察患(伤)者气道是否通畅,胸廓是否被吹起。

②胸外心脏按压只能在患(伤)者心脏停止跳动下才能施行。

③口对口吹气和胸外心脏按压应同时进行,严格按吹气和按压的次数比例操作,吹气和按

压的次数过多和过少均会影响复苏的成败。

④胸外心脏按压的位置必须准确。不准确容易损伤其他脏器。按压的力度要适宜,过大过猛容易使胸骨骨折,引起气胸血胸;按压的力度过轻,胸腔压力小,不足以推动血液循环。

⑤施行心肺复苏术时应将患(伤)者的衣扣及裤带解松,以免引起内脏损伤。